不同形貌
GaN 纳米线制备技术

崔　真　　李恩玲　　王含笑　著

北　京

冶金工业出版社

2023

内 容 提 要

　　本书共分 10 章，主要内容包括塔形、铅笔形、三维分支结构、Se 掺杂、螺旋形、直和绳形、竹叶形 GaN 纳米线的制备工艺与性能测试及制备工艺对 GaN 纳米线取向的影响，此外，还介绍了 BN 包覆 GaN 纳米线和 InN 包覆 GaN 纳米线的制备及表征。本书内容涉及物理、化学、材料和电子信息等多个领域的相关知识，每章内容融会贯通、分类叙述，讲述了不同形貌 GaN 纳米线的制备技术及制备工艺的影响。

　　本书可供电子科学与技术、微电子学与固体电子学、光电信息工程、物理学类专业本科生、研究生及相关领域工程技术人员阅读，也可作为高等院校相关专业师生的教学参考书。

图书在版编目（CIP）数据

　　不同形貌 GaN 纳米线制备技术／崔真，李恩玲，王含笑著 . —北京：冶金工业出版社，2023.8

　　ISBN 978-7-5024-9595-4

　　Ⅰ.①不…　Ⅱ.①崔…　②李…　③王…　Ⅲ.①纳米材料—研究　Ⅳ.①TB383

　　中国国家版本馆 CIP 数据核字（2023）第 149683 号

不同形貌 GaN 纳米线制备技术

出版发行	冶金工业出版社	**电　话**	（010）64027926
地　址	北京市东城区嵩祝院北巷 39 号	**邮　编**	100009
网　址	www.mip1953.com	**电子信箱**	service@ mip1953.com

责任编辑　王悦青　美术编辑　吕欣童　版式设计　郑小利
责任校对　梁江凤　责任印制　禹　蕊
三河市双峰印刷装订有限公司印刷
2023 年 8 月第 1 版，2023 年 8 月第 1 次印刷
710mm×1000mm　1/16；10.75 印张；208 千字；161 页
定价 72.00 元

投稿电话　（010）64027932　投稿信箱　tougao@cnmip.com.cn
营销中心电话　（010）64044283
冶金工业出版社天猫旗舰店　yjgycbs.tmall.com
（本书如有印装质量问题，本社营销中心负责退换）

前　言

　　新型纳米功能材料的开发及其在半导体器件和光电器件等诸多方面的应用是目前纳米科技的主要研究方向。GaN 作为宽禁带半导体材料的典型代表，具有优异的力学强度和化学、物理稳定性，并且在室温下禁带宽度大，具有高热导率、高熔点、电子饱和漂移速度大等特点，这些特点使 GaN 材料在高亮度短波长发光二极管、半导体激光器及光电探测器、光学数据存储、高性能紫外探测器及高温、高频、大功率半导体器件等光电子学和微电子学领域具有广泛的应用前景。

　　本书介绍的 GaN 纳米线的制备工艺及场发射性能是作者研究团队十余年来在 GaN 纳米线制备领域的主要科研成果。本书涉及各种不同形貌一维 GaN 纳米线的制备技术、Se 掺杂 GaN 纳米线的制备工艺、BN 包覆 GaN 纳米线的制备及表征、InN 包覆 GaN 纳米线的制备及表征等内容。

　　本书内容涉及的工作得到了国家自然科学基金项目和陕西省创新人才推进计划项目的资助，在此作者表示感谢，同时感谢研究生赵丹娜、石贤、徐锐、程旭辉、赵海康、吴蓓、杨昆琪、袁志浩、董彦波、王含笑对本书的贡献。

　　本书是作者团队多年从事 GaN 纳米线制备技术的科研工作的总结，由于作者水平所限，书中若存在不妥之处，欢迎读者不吝指正。

作　者

2023 年 3 月

目　　录

1 绪　　论

1.1　引　　言

随着科学技术的飞速发展，微米技术已经不能完全满足目前器件高集成、低功耗和小尺寸等需求。随着器件集成度的提高，要求器件的尺寸不断减小，同时材料的尺寸达到纳米级别之后就会产生许多由于尺寸引起的问题。在新世纪的今天，纳米科学技术是最重要的科学研究方向之一，纳米材料科学技术可以深入研究纳米材料的运动变化规律，通过对材料的改进和加工以制备出特殊性质的纳米材料，使其具有全新的功能，满足现代社会微电子和生物工程的应用要求。纳米技术在 21 世纪除对人类的进步和社会的发展发挥着很大的作用，在其他领域也将会被广泛使用[1-5]。纳米材料及器件将是纳米技术基础的发展起步。纳米材料的发展不论是在传统工业中还是在今天的高科技新兴产业中都有特殊的地位，它将会很大程度地改变人类的生产方式及产业结构。半导体纳米材料有望成为未来纳米器件的关键组成，在未来有很大的应用前景，是未来光电探测器、半导体激光器及光学数据存储和大功率、高频、高温半导体器件等微电子学及光电子学领域应用材料的基础。因此，半导体纳米材料的可控制备技术在目前整个纳米材料的科研中占有很重要的地位。场发射显示器与传统显示器（CRT、LCD 及 PDP）相比，具有低能耗、高清晰度、高稳定性、结构薄型化、适于大屏幕平面显示等优点，成为新一代最有发展前途的显示器。

1.2　纳米材料简介

纳米材料通常被定义为在三维空间中至少有一维处在 0.1~100nm 尺寸内的材料。通常研究的纳米材料有如下三类：（1）零维：定义为三维尺寸都在 0.1~100nm 内；（2）一维：定义为有两维处于 0.1~100nm 内；（3）二维：定义为只有一维处于 0.1~100nm 内，如石墨烯。一般称零维的基本单元为量子点，一维的基本单元为量子线，二维的基本单元为量子阱。

一维纳米材料是指电子运动在两个方向上受到限制的纳米管、纳米线和纳米棒等材料。近年来，一维纳米技术主要可应用在光电技术、传感器探测，材料增韧等方面，具体可用于制作集成电路中器件间高密度连线、纳米光电二极管、纳米激光器[6]、纳米电子器件。一维纳米材料的研究已成为纳米技术研究的热点，由此产生的新技术、新器件有良好的应用前景。

目前纳米材料的制备分为两个方面：一方面是各种纳米结构的合成，即不同形貌和尺寸的纳米结构的可控合成；另一方面是纳米有序结构的构建，即将纳米结构构建成为纳米有序体系。把单个纳米结构的性质转化为集体纳米结构的性质，获得单个纳米结构所不具备的新性质并进行研究[7]。这可以使人们更加深入地了解纳米材料的基本物理和化学性质。通过对纳米结构的晶体结构、形貌、成分等的可控合成可制备具有预期性能的纳米有序结构。近年来，已成功合成各种类型的一维纳米材料，并在此基础上对单根纳米结构的物理性质进行了成功测量和研究[8]。因此，对于单根一维纳米材料半径、取向等性质的可控研究对纳米有序体系制备研究、物理性能研究及应用前景是十分有意义的。

1.2.1 纳米材料概述

在人们所认识的微观世界中，有一个十分引人注目的体系，即纳米体系[9]。纳米（nanometer）的"nano"在希腊语中为"矮小"的意思。纳米（nm）是一种长度单位，1nm 等于 10^{-9}m，相当于几十个原子的长度。早在 1959 年，著名的理论物理学家、诺贝尔奖获得者费曼（Richard Feynman）预言："假如我们能够对细微尺度的物质进行操纵，那么我们认知物质性质的范围将会被大大地扩充"。费曼在这里所提到的细微尺度的物质其实就是纳米材料，它被誉为 21 世纪最有前途的材料。英国的 Aobert Franks 教授在 1959 年提出纳米技术的概念，他将纳米技术（nanotechnology）定义为"在 0.1～100nm 尺度范围的物质世界里能够对原子或分子进行操纵，并直接利用原子或分子来制造具有某些特殊功能的产品"。1989 年美国 IBM 公司的科学家首先用 35 个氙原子拼装成了"IBM"3 个字母构成的商标。随后，用 48 个铁原子排列组成了汉字中的"原子"两字，这一成果引起了广泛关注。纳米技术的前景是诱人的，其发展速度也令人吃惊，有关该领域的研究性论文急剧增长，随之得到了各国政府与研究机构的重视和极大的支持。国际首届纳米科学技术（Nano Science & Technology，NST）会议于 1990 年 7 月在美国的巴尔的摩召开，这次会议同时创办了著名的 *Nanotechnology* 期刊。这标志着纳米技术的正式诞生，从此推动材料科学进入了一个崭新的层次，进而使人们认识到一个过去鲜为人知的纳米世界。纳米科技是 20 世纪末才逐步发展起来的新兴科学领域。科学家预言，它的迅猛发展将在 21 世纪促使几乎所有工业领域产生一场革命性的变化。纳米材料已成为备受关注的新材料之一，其重要意义越来越为人们所认识。在科学技术高速发展的今天，纳米材料是未来社会发展极为重要的物质基础，许多科技新领域的突破迫切需要纳米材料和纳米科技支撑，传统产业的技术提升也急需纳米材料和技术的支持。纳米材料和技术对许多领域都产生了极大的冲击和影响。纳米科技的主要研究内容包括纳米光子学、纳米生物学、纳米化学、纳米电子学、纳米材料学、纳米加工学、纳米力学、纳米体系物理学、纳米机械学、纳米检测和表征，这 10 个部分相互独立又相互关联。纳米材料从广义上来说，指三维空间中至少有一维空间在 0.1 ~ 100nm 范围内，或以它们为基本单元构成的材料。纳米材料按其维度可分为 3 种：（1）零维纳米材料，指材料在 3 个维度的尺寸都在纳米尺度范围内，如纳米颗粒，原子团簇等；（2）一维纳米材料，则是在两个维度上的尺寸都受到纳米尺寸限制，如纳米管、纳米线、纳米带、纳米棒等；（3）二维纳米材料，只在一个维度上受限，多为薄膜材料，即厚度在纳米尺寸的薄膜或者由纳米线、纳米管构成的纳米薄膜。

1.2.2　纳米材料的特性

纳米材料与块体材料有很大的区别，当颗粒小到纳米尺度时，"量子效应"对物质的性能和结构起作用，如表面效应、体积效应、量子尺寸效应和宏观量子隧道效应等。

（1）表面效应。纳米材料的表面效应是指当材料的粒径小于纳米尺寸时，材料表面原子数与总原子数之比会急剧增加。大部分粒子都分布在材料的表面，高表面能及原子配位数不足，致使表面的原子不稳定易与其他原子结合，材料的催化活性会有很大的提高。

（2）体积效应。体积效应也叫作小尺寸效应，是指当材料颗粒的尺寸与德布罗意波长、光波长及超导态的相干长度等尺寸相当或更小时，会引起材料物理化学性质的变化。例如，金属纳米颗粒都呈现为黑色，对光的吸收效果显著增加，纳米颗粒的熔点普遍降低，磁性纳米颗粒呈现出超顺磁性。

（3）量子尺寸效应。量子尺寸效应即量子限制效应，是指当纳米材料的尺度与激子玻尔半径相近时，电子的准连续能级消失，分立能级出现。纳米材料所含原子数有限，导电电子数少，能带分裂使能带变宽，电子跃迁的能量增加，材料的光吸收谱就会向短波长方向移动，即所谓的蓝移现象。所以纳米材料在磁、电、光、热及超导磁等方面与宏观材料相比有着优良的性能。

（4）宏观量子隧穿效应。在微观粒子能量小于势垒高度的情况下仍能贯穿势垒的现象称为量子隧穿效应，属于基本量子之一。另外，近年来研究者在实验中发现一些宏观量（例如：量子器件中的磁通量、电荷和微粒的磁化强度等）

也可以穿越宏观系统的势垒而表现出隧道效应，所以统称为宏观量子隧穿效应。

在纳米材料中，由于这些效应的存在，材料的宏观物理性能发生了变化：

（1）材料的强度和韧性变高；

（2）材料的热膨胀系数、比热容变高，材料的熔点变低；

（3）材料的导电率和磁化率变得异常；

（4）材料具有极强的吸波性；

（5）材料的扩散性变大。

1.3 GaN 材料性质

1.3.1 物理性质

氮化镓（GaN）是一种直接带隙宽禁带半导体材料，它具有稳定性，电离度高，又是坚硬的高熔点材料，熔点约为 1700℃。GaN 材料具有 3 种晶体结构，分别是纤锌矿、闪锌矿和岩盐矿结构，如图 1-1 所示。纤锌矿结构最稳定，因为在 Ga—N 共价键结合中离子键成分较大；闪锌矿型 GaN 属于亚稳态；岩盐矿型结构属于高温相，根据报道，在 55.3GPa 的压力下，岩盐矿型结构才能存在，随着压力的减小慢慢地变为稳定的纤锌矿结构。GaN 材料在常温常压下以六方纤锌矿结构存在，但是在一定条件下也会以立方的闪锌矿结构存在。

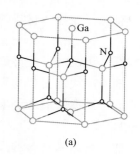
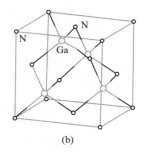
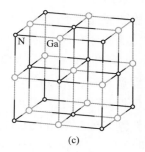

（a）   （b）   （c）

图 1-1　GaN 的 3 种晶体结构图

（a）纤锌矿；（b）闪锌矿；（c）岩盐矿

1.3.2 化学性质

GaN 在室温下不溶于碱、水、酸，但在热的碱性溶液中能缓慢地溶解，其还具有硬度大、不易湿法腐蚀的性能。在高温条件下，GaN 粉末在 H_2 和 HCl 条件下是不稳定的，易分解，而在 Ar 或 N_2 条件下是稳定的。在 GaN 基材料的器件中，人们用一种有效的方法反应离子刻蚀法来刻蚀 GaN，而现在人们主要用等离子体工艺对 GaN 进行刻蚀[10-14]。

1.3.3　电学性质

GaN 作为器件被应用，影响器件的因素主要是它的电学性能。未故意掺杂的 GaN 在各种情况下都是 n 型，电子浓度约为 $4×10^{16}cm^{-3}$。为了提高 GaN 的电子浓度，可以通过掺杂使得 GaN 化合物的电子浓度提高。一般常用 Si 对 GaN 进行 n 型掺杂，用 Mg 进行 p 型掺杂。由于在 p 型掺杂的过程中，Mg-H 络合物的形成使得掺杂浓度的效率降低，所以通过 p 型掺杂后，要经过低能电子束或热退火的条件使 Mg-H 分离从而获得低电阻的 p 型 GaN 样品。GaN 的 p 型掺杂相对较困难，其原因是 Mg 或 C 对 GaN 进行掺杂，获得的都是高阻材料。

1.3.4　光学性质

GaN 是一种直接带隙的半导体，它们Ⅲ-Ⅵ族化合物的禁带宽度可以从氮化铟（InN）（1.9eV）连续变化到氮化铝（AlN）（6.2eV），覆盖了从可见光到紫外光之间的范围[15-17]。所以发出蓝光的 GaN 材料和黄色荧光粉可以为发出白光提供一种有效的途径。直接带隙是电子在导带底和价带顶之间的竖直跃迁，初态和基态几乎都在一条直线上，在跃迁过程中遵守动量守恒和能量守恒。另外，非竖直跃迁也被叫做间接跃迁，其不满足动量守恒但是满足能量守恒，在电子跃迁的过程中，会伴随着声子的产生，是一个二级过程，其相应的光吸收和光发射概率要比直接带隙弱得多。

1.4　GaN 纳米线的合成方法

1997 年清华大学的范守善[18]利用碳纳米管（CNT）模板第一次成功制备出一维 GaN 纳米线，目前，已经有很多人用不同合成方法制备出 GaN 纳米材料，这些方法分别为分子束外延法、金属有机化学气相沉积法、氢化物输运气相外延生长法、模板限制生长法、激光烧蚀法、氧化物辅助生长法、化学气相沉积法、溶胶-凝胶法[19]。

1.4.1　分子束外延法

分子束外延（MBE）法是在高真空的条件下精确地控制原材料中性分子束的强度，并使其在加热的基片上进行外延生长的一种方法。它的原理是在高真空条件下，将构成外延膜的原子以分子束或原子束的形式射到衬底上，经过一系列的物理和化学过程，在该面上按一定的生长方向生长薄膜。该方法的优点是制备生长样品需要温度较低、可以表征生长过程及薄膜的厚度能精确控制，而缺点是要求非常高的真空度、生长时间较长和设备比较昂贵。并且其中的离子能量太大而造成衬底、外延层表面损伤，导致晶体质量降低存在一定缺陷。分子束外延法制备 GaN 薄膜，以三甲基镓为 Ga 源，N 等离子束为 N 源，通过控制衬底的温度，在其表面反应生成 GaN 薄膜。这种方法可以在低温下生长 GaN 纳米材料。

1.4.2 金属有机化学气相沉积法

金属有机化学气相沉积（MOCVD）法是合成外延膜的一种方法。MOCVD 法是用 H_2 把金属有机化合物与气态的非金属氢化物经过输运通道送至反应室的衬底上，通过化学反应和热分解反应最后合成外延薄膜。MOCVD 法的特点[20]包括：（1）所有的源都是以气体的形式输入到反应腔内，对源的掺杂浓度和气体流量均可以控制得很精确；（2）晶体合成通常是以热分解反应方式进行的，在单温区合成，设备比较简单，重复性高，方便批量生产；（3）晶体合成速率取决于源的供应量，并可以在大范围内调整外延的速度；（4）用低压合成，可减少合成过程中的存储效应与过渡效应，异质界面能够实现单原子层的突变，适合超薄结构的生长。MOCVD 是一项集机械、化学、流体力学、真空、电路、自动化控制和半导体材料等多学科于一体的系统工程，技术含量要求非常高。由于 MOCVD 外延生长使用的原材料大多数是易燃和易爆的有毒气体，因此要求系统的气密性要好，并具有安全控制和抽风装置。

1.4.3 氢化物输运气相外延生长法

氢化物输运气相外延生长（HVPE）法技术最初用于制备 GaN 单晶薄膜。HVPE 通常是常压情况下在热石英反应器内制备 GaN 纳米材料。制备 GaN 纳米材料的反应是用金属氯化物歧化反应，通过调整反应室内温度，从而实现 GaCl 生长、转移和 GaN 纳米材料的沉积。HVPE 法的独特之处在于参与反应的初级粒子（GaCl）是在反应室内制备的，制备过程为液体金属镓和氯化氢气体在 800~900℃时反应生成气态 GaCl，而 GaCl 被载气带到衬底上方并与氨气（NH_3）混合，最后在衬底上反应和沉积从而形成 GaN 纳米材料[21-22]。衬底的温度一般选取在 900~1000℃，载气通常为 N_2 和 H_2。

1.4.4 模板限制生长法

模板限制生长法[23]是制备一维纳米材料的普遍使用方法，有很广泛的应用领域，这种方法制备生长出单质金属及其合金、半导体和碳化物等大量的一维形貌的纳米材料，它的制备方法对比其他机理有非常强的优越性。模板作为一种支架，利用其限制作用可形成和模板互补形态的纳米结构。最常用的模板有 CNT、多孔铝、聚合物隔离膜及各种类型分子筛等，由于这些模板的内部贯穿了不同规则纳米级的沟道，如果制备的纳米线可以通过宿主基质从模板孔中生长出来，就能得到形貌很好的纳米线阵列。模板法最显著的优点是可以直接制备出一维纳米材料阵列，这在电子平板显示等电子领域有着很大的潜在应用前景。

1.4.5 激光烧蚀法

激光烧蚀法作为材料制备技术，它是利用一定波长的激光产生巨大的能量在源料位置产生瞬间高温，最大化地激发源料反应的活性，从而得到所需要合成的材料。Duang 和 Lieber 等人[24]采取激光烧蚀法利用激光剥离 GaN 靶成功地制备出一维 GaN 纳米结构。

1.4.6 氧化物辅助生长法

氧化物辅助生长机制不同于气-液-固生长机制（VLS），一维纳米材料在成核的过程中用氧化物替代了金属，最终制备出高纯度的一维纳米材料。用这种新方法可以制备出纯度高、直径均匀的半导体纳米线，其直径可达几纳米到几十纳米。W.S.Shi 等人[25]以氧化镓（Ga_2O_3）和 GaN 混合物作为 Ga 源，借助 Ga_2O_3 辅助作用，从而生长出一维 GaN 纳米结构，W.S.Shi 证明如果只用 GaN 作为前驱体，在相同情况下并不能生长出一维 GaN 纳米结构，因此 Ga_2O_3 在一维 GaN 纳米结构的生长过程中起着非常重要的作用。

1.4.7 化学气相沉积法

化学气相沉积（CVD）法是指通入气体反应源，同时加热前驱体，其中前驱体可以是固体粉末、液体或者气体，使其和气体源发生充分反应，然后在一定温度下气相分子达到凝聚临界尺寸后成核并不断生长，从而获得一维纳米材料。一般情况下，只需要满足一定的实验条件，各种晶体材料都能形成一维纳米结构。

CVD 有两个重要因素：（1）通过各种源气体之间在衬底上的反应来产生沉积物；（2）沉积反应必须在一定的激活条件下进行。通常情况下气相沉积的化学反应使用温度作为激活条件。在达到反应温度时，气态物质在衬底表面进行化学反应，在保护气体中快速凝结，生成固态沉积物，从而制备各种材料的纳米结构。

1.4.8　溶胶-凝胶法

溶胶-凝胶（Sol-Gel）法是 20 世纪 60 年代被提出的一种合成玻璃或者陶瓷等材料的湿化学镀膜方法。Sol-Gel 法主要是把金属的醇盐或无机盐通过水解、缩聚反应形成凝胶再加热老化，然后经过不同阶段的处理使其形成稳定的凝胶薄膜。现在 Sol-Gel 法也用来生长 GaN 纳米线阵列和 GaN 粉体。

此外，升华法[26]、直接反应法[27]也都用来制备 GaN 纳米线。

1.5　纳米线的生长机制

1.5.1　气-液-固机制

VLS 生长[28]是利用催化剂纳米团簇制备纳米线的技术，生长过程中使用催化剂起到了限制纳米线径向尺寸和形状的作用。在适当的生长条件下，首先催化剂要形成纳米液滴或者团簇，不断吸附气相反应的反应物质，从而使生成物质在催化剂纳米液滴的界面上成核并以此为生长点，逐渐地生成一维的线状结构[29-32]。例如利用金属的铟粉末作为催化剂，在加热的过程中形成了 In-Ga-N 的三元合金液滴，随着不断地吸附 Ga、N，液滴达到饱和形成生长点，不断地提供气相的反应物则会顺着生长点不断地生成纳米线。

1.5.2　气-固机制

气-固机制与 VLS 机制的不同点[33-35]在于：在纳米线的合成过程中，源气相输运到衬底上方，凝结沉积到衬底上，在衬底上通过凝结核的微观缺陷（位错、孪晶）择优生长，这样就会生长成纳米线或者纳米晶须。在这种过程中，并不需要催化剂作为辅助。这种机制的优点是不会引入杂质，并不像 VLS 机制中，纳米线的顶端存在催化剂纳米颗粒。因此，催化剂并没有诱导纳米线的生长，即在纳米线的顶端并没有纳米颗粒的出现。

1.6　场发射简介

20 世纪初，人们开始研究热电子发射理论，使得电子技术实现了第一次革命性飞跃。在以热电子发射理论为基础的情况下，发展形成的真空电子学和真空电子器件广泛应用于人们的生活及军工领域当中，例如电视、雷达及早期的计算机等。然而，热阴极真空电子管体积大、发热量大，阻碍了它的进一步发展。到

20 世纪中叶，科学界对固体电子理论的研究，促使半导体器件集成电路微电子学的发展，实现了电子技术革命的第二次飞跃。集成电路微电子学的应用，使得无线电通信设备可以做到只有手掌大小，并将有几间房子大小的计算机缩小到可以放在书桌上工作，这些电子设备虽然在体积上大大缩小了，但是性能却没有降低，并且得到了进一步提高。电子技术的第二次革命使得半导体器件几乎完全取代了真空电子器件，但是，在当前军事、科研及生活实际中，对电子计算机的超高速化和超小型化的要求却是迫切需要解决的问题。然而，要将几百万个电子开关元件高密度集成到一个很小的体积中，实现高集成度器件，那么要求器件必须具有很低的功耗，才可以解决由于温度升高带来的一系列问题。

由于计算机超高速化的迫切需求，真空电子器件又再一次被人们所关注。在电学性能上，"真空"实际上是一种比"固体"优越得多的材料，例如电子在真空中迁移的极限速度可以达到光速，而且电子穿过真空的功耗比穿过任何固体的功耗都低，特别是，真空不会像固体那样容易受到核辐射、静电及温度极限的损害，因此真空电子器件实际上是实现超高速电子开关的最理想器件。但是为了实现这一点，必须将真空器件超微型化以提高集成度，这就开始了真空微电子器件的设想。在真空微电子器件设计中，功耗问题是首要解决的问题，然而以往使用的热电子发射阴极发热量大，很难降低器件功耗，所以人们开始研究场发射冷阴极。

固体中电子的逸出主要通过给材料加热和外加电场的方式来实现。在没有外加电场并且温度较低时，材料表面处于真空能级保持平稳，电子隧穿无限宽势垒的概率为零，真空能级以上的电子密度非常小，材料中的电子发射几乎不能实现。当材料被加热以后，电子由于热激发而动能增加占据真空能级以上的能级，便可以产生热电子发射。热电子发射的过程中温度占主导地位，因此存在发射效率低和电子发射不均匀等缺点。在外加强电场下，固体表面电子克服势垒而逸出到真空中。电子的发射方式有 4 种：热致电子发射、光致电子发射、次级电子发射和场致电子发射。前 3 种电子发射，均需要在外界给电子提供的能量大于逸出功的情况下电子才能克服表面束缚逃逸出来，而场发射则是除逸出功以外不需要提供额外的能量就可以使电子发射出来。场发射又称冷阴极发射或自电子发射。它是指物体表面在强电场的作用下发射出电子的现象，是用外部强电场来压抑表面的势垒，使势垒的最高点降低并使势垒宽度变窄，或者是用内部强电场使电子从基层进入到介质层，并在介质层中加速从而获得较大的能量，致使物体内部的电子不需要另外增加能量，即不需要通过激发电子就可以逸出的现象。与传统的热发射相比，场致电子发射有以下几个优点：

（1）发射电流密度很高。一般热电子发射体在低温（小于 1000K）下的最

大电流只有 $0.5A/cm^2$，而场电子发射可获得高达 $10^7A/cm^2$ 以上的发射电流。

（2）能量分散小。热电子来源于固体内电子的费米分布高端尾部，而场发射电子多数是从费米能级附近发出的，因此能量分散比热电子小得多。

（3）不需要加热。

（4）发射时间没有迟滞。

由于场发射的独特优点，基于场发射阴极的场发射显示器与传统显示器（例如：CRT、LCD 及 PDP）相比，具有低能耗、高清晰度、高稳定性、结构薄型化、适于大屏幕平面显示等优点，成为新一代最有发展前途的显示器。表 1-1 为各种显示器性能对比。

表 1-1　各种平板显示器性能对比

显示器	传统 CRT	薄型 CRT	PDP	FED	TFT-LCD	LED
色度	好	好	较好	好	一般	一般
响应度	快	快	较快	快	慢	快
灰度	高	高	较高	高	一般	一般
对比度	好	好	较好	好	一般	一般
亮度	高	高	较高	高	决定于光隙	较低
视角	大	大	大	大	小	大
清晰度	好	好	较好	好	一般	一般
效率	高	较高	低	最高	较高	较低
工作温度范围	宽	宽	较宽	宽	低温不易启动	宽
大屏幕显示	差	较好	好	尚好	投影较好	很好
性价比	最高	较高	低	低	较低	较低
厚度和重量	厚重	较薄较轻	薄较轻	薄轻	薄轻	薄轻

由于纳米线的尺寸在纳米量级，其尖端可以形成很强的局域电场，电子将比较容易穿过势垒而逸出至真空中。图 1-2 是场致电子发射原理图，如图 1-2（a）所示，下面矩形是平面阴极的横截面，上面是阳极。当两极之间加上电压后，它

们之间便会出现宏观电场，也称作外加电场。当外加电场较强时，势垒的形状就由热电子发射变成了场致电子发射所具有的三角形势垒，如图 1-2（b）所示，低温下，只有费米能级 E_f 附近及以下存在大量的电子，而能量高于势垒的电子很少。因此，根据经典力学，几乎没有电子能够逸出物体表面；但是根据量子力学，电子具有波动性，当势垒宽度及高度窄到与电子波波长处于同一数量级时，即使温度很低，也会有许多电子能够隧穿势垒。所以，当给材料施加强电场时，会产生两种作用，一种是降低势垒的高度，另一种是减小势垒的宽度，对于低温场致电子发射，主要是利用势垒宽度的减小，达到电子隧穿发射的目的。根据现有文献报道得知，场发射是一种很有效的电子发射方式，其发射的电流密度能够达到 10^7A/cm^2 或者更大[36]，所以研究场发射理论及探索更有效的场发射阴极材料对于真空微电子器件来说是非常有意义的。

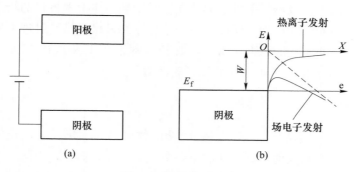

图 1-2　场发射原理图

　　最早的场发射理论始于 1928 年，是由 Fowler 和 Nordheim 基于金属型冷阴极建立的一套理论[37-41]。他们假设金属表面是光滑平面，逸出功分布均匀，考虑经典镜像力，使用费米-狄拉克统计分布处理金属内部一个能带上电子的发射，得出著名的 Fowler-Nordheim 公式：

$$J = \frac{e^3 E^2}{8\pi h \varphi t^2(y_0)} \exp\left[-\frac{8\pi\sqrt{2m}\,\varphi^{\frac{3}{2}}}{3heE} \nu(y_0) \right] \tag{1-1}$$

式中，$\nu(y_0)$ 为 Nordheim 函数；$t(y_0)$ 在整个范围内都接近 1；将各常数代入式（1-1），可得：

$$J = \frac{AE^2}{\varphi} \exp\left(-\frac{B\varphi^{\frac{3}{2}}}{E} \right) \tag{1-2}$$

式中，$A = 1.54 \times 10^{-6} \text{ A·eV/(V·cm)}$；$B = 6.83 \times 10^7 \text{V/(eV}^{3/2}\text{·cm)}$；$J$ 为场发射

电流密度，A/cm^2；E 为表面电场强度，V/cm；φ 为逸出功，eV。

在冷阴极场发射器件中，阴极通常被做成针尖形状，这样可使外加电场在发射表面得到增强，所以发射表面的电场通常不等于外加电场。这时，引进场增强因子 β，那么针尖状发射体的有效表面电场强度为 $E_{\text{eff}} = \beta E$，则其场发射电流方程可以写成：

$$J = \frac{A\beta^2 E^2}{\varphi} \exp\left(-\frac{B\varphi^{\frac{3}{2}}}{\beta E}\right) \quad\quad (1\text{-}3)$$

由式（1-3）可以看出，场发射电流密度 J 是表面电场强度 E、场增强因子 β 和逸出功 φ 的函数。对于固定材料，逸出功是一定的，那么电流密度仅仅是电场强度和场增强因子的函数。反之，对于某一种场发射材料，如果对其进行修饰，降低其逸出功，那么在一定的外加电场下，可以提高场发射电流密度。

以上是金属冷阴极场发射理论的建立，对于半导体纳米材料的场发射，本质上与金属材料没有太大区别，所以，关于半导体纳米材料场发射理论的研究仍然用 Fowler 和 Nordheim 提出的金属 F-N 理论。本书用 F-N 理论来研究不同形貌 GaN 纳米材料与掺杂 GaN 纳米线的场发射性质。

1.6.1 功函数

从式（1-3）可以看出，减小材料的功函数可以增加场发射电流密度，所以功函数是影响材料场发射性能好坏的重要参数。在半导体材料中电子主要占据着费米能级 E_{f} 以下的能级，那么电子想要发射到真空当中，需要克服的最小能量就是费米能级到真空之间的能量，定义这个能量为功函数 φ，其表达式如下[42]：

$$\varphi = E_0 - E_{\text{f}} \quad\quad (1\text{-}4)$$

φ 的大小是衡量电子被固体材料束缚的强弱，φ 值越小，电子越容易被激发到真空当中。由式（1-4）看出，功函数的大小与费米能级有关系，对于半导体来说，费米能级的高低与掺杂有密切关系，所以功函数的大小也与掺杂有关。同时，材料的表面状态也会影响功函数的大小，在材料表面，常常会吸附一些其他原子或离子，从而使得功函数发生变化。

1.6.2 场增强因子

通常情况下，想要获得可测量的场发射电流，需要给材料施加非常大的电场，如此高的电场只能通过改变发射体的几何形状引起场增强而得到。使用场增强因子 β 衡量场增强的大小，假设一个理想的圆柱体纳米导线发射体，场增强因子[43]可以写成：

$$\beta = \frac{h}{\rho} \qquad (1-5)$$

式中，h 为发射体的高度；ρ 为发射体的曲率半径。因此，发射体上的有效电场为：

$$E_{\text{eff}} = \beta E \qquad (1-6)$$

式中，E 为直接加在被测样品上的外场；E_{eff} 为纳米导线尖端上的实际有效电场。在固定的外场情况下，只有材料的场增强因子越大，才可以获得更大的发射电流，所以早期的金属场发射材料要做成微尖状，以致后来的 CNT 和其他半导体材料等都做成纳米级别。

1.6.3 场发射阴极材料研究进展

早期的场发射阴极材料是一种高温难熔金属材料，常用到的有钛（Ti）、钽（Ta）、钨（W）、钼（Mo）[44-48]。根据 F-N 公式可以知道，提高材料的场增强因子，可以实现在较低的外加电场下获得较大的发射电流。所以人们将这些高温难熔金属场发射材料做成微尖型结构，微尖的曲率半径可以达到几十至几百纳米，最多可以达到一个原子大小，这样会使得发射电流比较稳定。而现在人们研究提高发射电流的方法主要集中在降低阴极材料功函数上，人们把具有低功函数的材料或者是具有负电子亲和势的材料涂在金属阴极上去降低场发射阴极的功函数。但是，高温难熔金属材料具有发射阈值电压高、技术难度高、大面积制作困难、成本高等缺点，很难满足一些场发射器件对阴极材料的需求，所以逐渐被一些新型材料所取代。

碳族材料主要包括 Si 场发射微尖阵列、金刚石、CNT 等[49-53]。随着半导体制备工艺技术的逐渐成熟，人们开始寻找一种半导体材料去制作场发射阴极微尖，而第一代硅半导体材料成为首选。如果纯硅材料能够被制作成微尖形状，就可以在较低的开启电场下产生较大的发射电流，因此人们主要集中研究如何改进硅场发射阴极阵列的物理结构，如硅纳米锥[54]、多孔硅[55]、硅纳米线[56]等，其中多孔硅制备而成的发射体是一种高密度的超尖硅组织，有很好的发展前景。它的优点是电子工艺技术兼容性好，缺点是硅阵列发射的热稳定性差、可靠性低、难以开展大面积制备，因此应用受到限制。对于金刚石而言，它具有负的电子亲和势，导致它在较低的电场下就可以达到较大的电流密度，但是它的制备工艺复杂，电子发射点的均匀性、稳定性及可靠性有待提高。自从 1991 年日本电子公司的 S. Lijima[51]首次发现并命名 CNT 以来，其优异的物理化学性能受到了科学界的广泛关注，科学家进而选取 CNT 作为新一代场发射阴极材料进行研究并取得了非常大的成果[57-58]。CNT 具有长径比大，结构完整性好，导电性和热稳定性好，化学性质稳定等性质。使用 CNT 做场发射阴极时，需要将其做成阵列，这样其顶部会产生强的电场增强效应，容易发射电子。但是经过研究表明，CNT 阵列的场发射电流大小与阵列密度有关系，如果密度过小，发射电流是非常小的，但密度过大，又会出现静电屏蔽现象，从而减小发射电流。理论计算表明，当 CNT 的高度与相邻管间距的比值为 1：2 时，阴极阵列的发射性能最好[59]。如今，CNT 场发射阴极已经应用于场发射显示器中，其发射电流密度已经足以满足器件的需求，主要困难在于如何解决电子发射的稳定性和均匀性及阴极结构的组装等问题。

由于场发射材料应用的重要性，所以一直以来寻找一种性能优越的新材料是科研工作者们关注的热点话题。除了上述几种常用的材料外，还有一些宽禁带化合物半导体材料，如 SiC、GaAs、GaN、BN、AlN 等，也受到了科学家的广泛关注[60-66]。研究发现，宽带隙半导体材料具有高熔点、高热导率、大载流子迁移率、小介电常数、高击穿电压及良好的物化稳定性，再加上这些材料都具有小的电子亲和势，甚至是负电子亲和势，所以非常适合制作成场发射阴极阵列。近些年，关于宽禁带半导体材料场发射性能的研究已经成为科学界关注的一个热点话题。

1.7 GaN 纳米材料研究进展

GaN 是一种直接跃迁型宽带隙化合物半导体材料，GaN 基半导体材料是继以 Si 为代表的第一代和以 GaAs 为代表的第二代之后的第三代半导体材料，具有光学、电学性质优良，且热稳定性和机械性能好等优点，在光电子和微电子器件等方面具有广泛的应用。GaN 纳米材料和块体材料相比具有更优异的性能。场发射作为一类独特的电子发射方法，近年来备受关注，GaN 半导体电子亲和势小，而且物理性质和化学性质非常稳定，有较高的熔点，是一种很有前途的场发射阴极材料。对它的研究与应用是目前全球半导体研究的前沿和热点。

1.7.1 GaN 材料实验研究进展

GaN 材料的实验研究开始于 20 世纪 30 年代，Johnson 等人[67]通过 Ga 金属和 NH_3 的反应，最早合成了 GaN 材料。由于难以获得晶体的 GaN 材料，GaN 材料的研究一直进展缓慢。直到 20 世纪 60 年代才真正开始对 GaN 材料的大量研究。Maruska 和 Tietjen[68]在 1969 年首先用 CVD 方法在蓝宝石上成功制备出 GaN 的单晶外延膜；同一时期发展出了 MOCVD 方法制备 GaN 材料；而 MBE 生长 GaN 材料则始于 1981 年。不断发展成熟的制备方法使得人们对 GaN 材料性质的了解也慢慢深入。

最近几年，在 GaN 材料研究开发高潮的推动下，许多材料科学工作者对 GaN 基材料制备投入了巨大的研究热情。1997 年，清华大学范守善等人[18]首次报道用模板限制法利用 CNT 作为模板，以 Ga 和 Ga$_2$O$_3$ 混合物为源诱导生长出 GaN 纳米棒，并观察到了纳米棒的发光光峰。2003 年 Joshua 等人[69]利用"epitaxial casting"方法在氧化锌（ZnO）模板上合成了内径为 30~200nm、管壁为 5~50nm 的 GaN 单晶纳米管；同年 Ji Kang Jian 等人[70]利用 Ga$_2$O$_3$ 粉末和 NH$_3$ 在 1000℃ 直接反应生成高纯度的 GaN 纳米线，没有利用催化剂和模板；2004 年 Long Wei Yin 等人[71]利用简单的热辅助气相法生长出 GaN 纳米管；2005 年，Zhou 等人[72] 通过 CVD 法在金（Au）催化 Si 晶片上以 Ga$_2$O$_3$/Ga 混合物为源，在 Ar 和 NH$_3$ 气氛中合成出周期性 Z 字形 GaN 纳米线。2006 年 Xu 等人[73]用 CVD 方法，以 Ga 金属和 NH$_3$ 在镍（Ni）的催化作用下合成了 GaN 纳米棒；2007 年李红等人[74]利用磁控溅射技术在 Si 衬底上制备 Ga$_2$O$_3$/Ta 薄膜，然后在 900℃、NH$_3$ 中退火合成了大量的一维单晶 GaN 纳米线。2008 年李恩玲等人[75]以 Ga$_2$O$_3$ 为 Ga 源，用溶胶-凝胶和高温氨化二步法，在 Si(111) 衬底上制备出 GaN 薄膜；2009 年薛成山等人[76]利用类似 Delta 掺杂技术在 Si 衬底上沉积 Mg 掺杂 Ga$_2$O$_3$ 薄膜，然后在 850℃ 下对薄膜进行氨化，反应后制备出大量 Mg 掺杂 GaN 纳米线。2010 年，Zhang 等人[77]在氧化铝（Al$_2$O$_3$）陶瓷衬底和 Ga 颗粒上原位合成出单晶六方直的和 Z 字形的 GaN 纳米线。Zervos 等人[78]通过氢化物辅助气相外延方法在 Au/Si(001) 上，以 Ga、NH$_3$ 和 N$_2$ 为源，制备出高质量 GaN 纳米线。Lee 等人[79]通过 MOCVD 法在铂（Pt）/Si(111) 上合成出双晶 GaN 纳米线。2011 年，Kang 等人[80]通过热 CVD 法在 Ni 涂层 c-Al$_2$O$_3$ 衬底上以 GaN 粉末和 NH$_3$ 为源，制备出高度垂直有序的六方 GaN 纳米线。2012 年，梁建等人[81]通过常压化学气相沉积法（APCVD）在 Au/Si(100) 衬底上以 Ga$_2$O$_3$、ZnO 和 NH$_3$ 为原料，生长出 Z 字形的单晶相 Zn 掺杂 GaN 纳米线，由于 Zn 掺杂，发光性能有所改善。2013 年 Yi Yang 等人[82]用易弯曲的 CNT 衬底生长了 GaN 与 InN 纳米线；同年 Xu 等人[83]用 MOCVD 方法在蓝宝石衬底上生长了 GaN 纳米线，并研究了其光学性质。2014 年，Kim 等人[84]研究了梳子状 GaN 纳米线的合成及光学性质。2018 年，颜汐阳[85]研究用 CVD 法制备 GaN 纳米带，并利用原子力显微镜分别测试了单根 GaN 纳米带的压电系数、二维电流分布图及 I-V 特性曲线来研究其力电性能。2020 年，郝娟[86]将飞秒激光液相烧蚀合成纳米粒子这一技术应用于金刚石和 GaN 材料，成功制备出了超小粒径的纳米金刚石和 GaN 纳米粒子。2022 年，张偲[87]利用低压氯化物 CVD 设备及生长工艺，在不采用任何金属催化剂的前提下，成功实现了低温条件下自组装 GaN 纳米柱阵列及纳米薄膜的制备。

1.7.2 GaN 材料理论研究进展

目前已经有许多有关 GaN 材料理论计算的报道，Weber 等人[88]首次提出了 GaN 纳米管，该管具有一定的几何缺陷，并不是真正意义上的纳米管，但是它们为空心结构，有一定的壁厚，所以称为纳米管，半径范围为 3～1500nm。1999年，Lee 等人[89]在理论方面对 GaN 纳米管进行了深入研究，该管有两种几何结构，分别是锯齿形（zigzag）和扶椅形（armchair），探讨了 GaN 纳米管的稳定性和电子性质，得到锯齿形纳米管和扶椅形纳米管分别是直接带隙半导体和间接带隙半导体。Jeng 等人[90]用 Tersoff 多体势模型和经典分子动力学理论，研究了锯齿形和扶椅形 GaN 纳米管。结果表明，在小应变条件下，力学性质一般不随螺旋角变化；而在较大应变条件下，螺旋角在很大程度上影响纳米管的力学性质。在大家对 GaN 纳米管研究比较深入的时候，学者们又开始对 GaN 纳米线进行了研究。2005 年，Wang 等人[91]利用密度泛函理论研究了 Mn 掺杂 GaN 纳米线的磁性。2006 年，Wu 等人[92]研究了铜（Cu）掺杂 GaN 的电子性质。同年，Tsai 等人研究了 GaN 纳米线与纳米管的静电与结构性质。2007 年，Wang 等人[93]研究了单晶 GaN 纳米线的熔融物性。2009 年，Fang 等人[94]研究了 GaN 纳米线的表面功能性质。2010 年，Wang 等人[95]研究了不同晶面的 GaN 的电学性质。2011 年，Tang 等人[96]研究了表面效应和边缘效应对 GaN 纳米带电学性质的影响。2014年，Gong 等人[97]利用分子动力学模拟了在原子尺度上，轴向和横向生长 GaN 纳米线的行为。同年，Fu 等人[98]利用密度泛函理论研究了磷（P）掺杂 GaN 纳米线的电子结构。2019 年，王婷[99]研究了源基距、衬底温度、源区温度、载气流量、NH$_3$ 流量、保温时间及有无 Au 催化剂对 GaN 纳米结构材料的影响。2021年，邢志伟[100]发现 GaN 基材料在太阳光能储能及相关柔性光电子器件方面应用广泛，也开展了 GaN 基纳米柱结构柔性薄膜制备的研究工作。

1.7.3 GaN 纳米材料场发射研究进展

一维纳米材料场发射性能的研究开始于 1999 年 Fan 等人[101]对 CNT 阵列场发射性能的研究，由于 CNT 的电子结构限制了其在场发射方面的应用，而一维 GaN 纳米材料表现出优异的性能受到人们的广泛研究。2003 年，Kim 等人[102]在垂直 CVD 反应器中，在 Ni/Si(100) 衬底上合成出高质量六方单晶 GaN 纳米线，场发射测试表明纳米线具有 7.4V/μm 的开启电压，场增强因子为 555。2004 年，Luo 等人[103]制备出鱼骨型纳米带，场发射测试表明开启电场为 6.1V/μm，增强因子为 1600、750，由于低电场下电子发射主要来自高增强因子的纳米带，高电场下电子发射主要来自低增强因子的纳米带，导致高电场下有效的增强因子相比低场下降低。2005 年，Byeongchul Ha 等人[104]通过催化辅助 CVD 法在 Ni/Al$_2$O$_3$ 衬底上，以 Ga 粉末、NH$_3$ 及 H$_2$ 为反应剂制备出大量单晶六方纤锌矿结构的 GaN 纳米线，场发射测试表明其具有 8.5V/μm 的开启电压，在外加电压为 17.5V/μm 时的电流密度约为 0.2mA/cm^2。同年 Baodan Liu 等人[105-106]通过热蒸发法在 Au/Si 晶片上合成出针状双晶 GaN 纳米线，场发射测试表明电流密度为 0.01mA/cm^2 时开启电压仅为 7.5V/μm。2006 年，Woo Sung Jang 等人[107]通过热 CVD 方法，在 Au/Si 上以 GaN/B$_2$O$_3$、NH$_3$ 为反应剂制备出三角状单晶 GaN-BN 核壳纳米线，场发射测试表明当电流密度为 0.1mA/cm^2 时的开启电压仅为 1.4V/μm，电流密度为 0.1μA/cm^2 时的外加电压仅为 3.4V/μm，场增强因子为 1400。2007 年，Ng 等人[108]研究了用脉冲激光沉积法生长的 GaN 纳米线膜的场发射性能，发现纳米线场发射性能不仅依赖于其晶体结构和电子亲和力，对纳米线的疏密度和膜的纵横比也有很强的依赖性。2009 年，Duc V. Dinh 等人[109]通过气相外延法在 Au/Si(100) 衬底上，以 GaN 和 Ga 混合物为 Ga 源合成出三角状高质量单晶六方纤锌矿结构的 GaN 纳米线，场发射测试表明其具有 3.96V/μm 的开启电场，场增强因子为 1050。2010 年，Fu 等人[110]制备出 P 掺杂 GaN 纳米管，开启电场为 2.9V/μm，增强因子为 3884、1435。2011 年，Li 等人[111]以 Ga$_2$O$_3$ 为 Ga 源、Ni 为催化剂，制备出高质量、场发射性能良好的 GaN 纳米线。2012 年，Yongho Choi 等人[112]在 Au/Si(100) 上先热生长一层二氧化硅，后通过 CVF 以金属 Ga、NH$_3$ 及 H$_2$ 为反应剂生长出单晶纤锌矿结构的 GaN 纳米线，测试了单根 GaN 纳米线场发射性能，发现纳米线和电极之间的接触质量对场发射有很大影响，以及单根 GaN 纳米线的场发射满足通常的 F-N 关系。随后，Ghulam Nabi 等人[113]制备了草状、榴莲状、蒲公英状 GaN 纳米结构，并研究了它们的场发射性能。2021 年，刘冠江[114]通过湿法腐蚀掉硅基底，最终分别得到金属钼和镍的尖端场发射阵列。该工艺不但获得了形貌均一的发射尖端阵列，也为后续制备异质结 Spindt 阴极奠定了工艺基础。

根据本章中介绍的 F-N 方程，可以发现对于某一种场发射材料，要想提高其性能，主要有两种途径：（1）在不改变材料组成成分及结构的前提下，也就是认为材料的功函数是固定的，可以通过控制材料的形貌，达到增加其场增强因子的目的，从而可以提高发射电流；（2）可以对所制备材料进行掺杂、修饰及改性等，减少材料本身的功函数，以达到增强发射电流的目的。综上所述，国内外对于 GaN 纳米材料的制备及性质的研究已经很多了，但是普遍只是对 GaN 纳米材料的场发射性能进行了测试，关于对 GaN 纳米材料场发射性能的理论计算及增强的研究很少。本书将理论与实验结合，系统研究了 GaN 纳米材料场发射性能的增强。

伴随着真空微电子学在显示应用领域的不断发展，场发射平板显示（FED）技术已成为一门重要的研究课题。FED 研究的关键是场发射阴极材料的制备，场发射阴极材料决定着 FED 的寿命和质量。目前 FED 还未能实现大规模的商业化应用，其主要原因就在于还没有开发出满足实际应用的场发射阴极材料。对实际应用的阴极材料的基本要求有功函数小、易于开启且稳定可靠、材料经济实用、易于加工。

虽然以 Mo、W、Ti 等金属作为场发射阴极材料的发射机理和制造工艺都很成熟，但是它们的场发射阈值电压较高，将会被淘汰。后来在 p 型金刚石衬底上外延单晶金刚石薄膜并离子注入碳，观察到 p 型衬底的场发射，但单晶金刚石薄膜难制备且成本高，多晶、纳米及类金刚石难获得大面积、均匀性良好的薄膜，而且电子发射点的均匀性、稳定性和可靠性等也有不少问题，在实际应用中有限制。1991 年通过电弧蒸发法得到 CNT，从而引起了研究 CNT 的热潮，CNT 的化学性质稳定、长径比大、导电性和热稳定性好等，表明 CNT 具有作为场发射阴极材料的潜力，但 CNT 的困难在于解决电子发射的稳定性、均匀性和阴极结构的组装等问题。目前，研究者们的注意力集中在宽带隙半导体（AlN、BN、GaN、SiC 等）材料上，因为宽带隙半导体材料具有负电子亲和势或低电子亲和势的特点，使其具有成为良好的场发射阴极材料的潜力，GaN 是一种性能非常优异的宽禁带半导体材料，具有优良的光学和电学性质，且热稳定性和机械性能好，在光电子和微电子器件等方面具有广泛的应用，GaN 纳米材料与块体材料相比具有更优异的性能。GaN 纳米材料功函数小、电子亲和势小、物理性质和化学性质稳定、有较高的熔点，是一种很有前途的场发射阴极材料。

1.8 GaN 纳米材料表征与性能测试

对实验所制备的样品进行表征，分析所制备样品的组成和形貌特征使用到的仪器及方法如下。

1.8.1 扫描电子显微镜

扫描电子显微镜（SEM）（简称扫描电镜），是近几十年来发展起来的一种大型的精密电子光学仪器。扫描电镜主要组成部分是电子光学系统（镜筒）、信号检测放大系统、显示系统、真空系统和电源系统。扫描电镜成像原理和一般光学显微镜有很大的不同，采用聚焦非常细的电子束在样品的表面做光栅式扫描，入射电子与物质相互作用产生各种物理信号调制成像，扫描电镜是通过接收从样品中"激发"出来的信号而成像。它不要求电子透过样品，可以使用块状样品，所以其样品制备简单。例如一些固体材料样品的制备，方法非常简便。对于导电材料，只对几何尺寸和重量有要求，具体情况视不同型号扫描电镜的样品室大小而定。对于导电性较差或绝缘的样品，若想用常规扫描电镜来观察，则必须对样品进行导电处理，如喷镀金、银等贵金属或者碳真空蒸镀等，否则将无法观察。显然，所有的样品均必须没有油污、没有腐蚀等，以免造成对镜筒和探测器的污染。其优点如下：分辨率较高使得成像的范围可以放大，介于透射电镜及光学显微镜之间；焦深大，有利于对表面形貌凹凸不平的样品进行表征，图片立体感强；试样制备简单，对金属等导电试样可以直接利用电镜进行观察，试样尺寸只要能够放入样品室即可观察；对测试样品的损伤小，有利于观察高分子样品。本书通过场发射扫描电子显微镜，对制备的样品进行表面形貌表征，主要观察样品的形状、表面粗糙度、直径大小等，并通过 X 射线能谱分析（EDS）研究掺杂剂元素在 GaN 纳米线中的掺杂比例及成分分析。

1.8.2　X 射线衍射

　　X 射线衍射（XRD）仪就是通过 X 射线对晶体的衍射来对样品的晶体结构和物相进行定量分析和定性分析，XRD 定性分析是利用 XRD 衍射角位置及强度来鉴定未知样品的物相组成。各衍射峰的角度及其相对强度是由物质本身的内部结构决定。每种物质的晶体结构和晶胞尺寸都与其他物质不同，而这些特征都与衍射角和衍射强度有着一一对应的关系。因此，可以根据衍射特征数据来判断、鉴别晶体结构。将测试样品的衍射花样的 PDF 卡片与已知物体的衍射花样进行对比，可以推断出所测样品的物相。对比方法主要分为两类：可将衍射卡片进行直接数据对比；也可建立数据库，利用计算机通过数据匹配进行检索。也可利用衍射峰的强度来确定所测样品的物相含量。衍射线的强度与物相的质量分数成正比，并且随着该相含量的增加而增加，从而对应每一种物相各自的特征衍射线。利用 XRD 对物相进行定量分析的方法主要有：直接比较法、单线条法、增量法、内标法和无标法。本书采用西安理工大学的 X 射线衍射仪（XRD-7000）对样品进行分析。X 射线衍射仪采用 Cu 靶 K_α 作为射线源，工作电压和电流分别为 40kV 和 40mA。X 射线衍射仪是利用多功能水平型 θ-θ 测角仪，在测量过程中，样品水平放置且静止不动，仪器连接电脑并设置参数，使 X 射线光管和探测器以一定的范围角度绕样品转动，来获取 X 射线衍射峰。

1.8.3　透射电子显微镜和选区电子衍射

　　利用高分辨透射电子显微镜（JEM-3010）可以对样品的内部结构进行主要

的微观分析，组成部分分别为：成像系统、照明系统、观察和记录系统、真空系统调整系统。高分辨透射电子显微镜（HRTEM）的主要工作原理是为了表征样品的内部结构，采用电子束穿过样品透射成像，在电场作用下电子束会加速透射到样品表面。如果所测试的样品尺寸足够小，电子透射过样品形成明纹，而衍射过样品的形成暗纹。JEM-3010 的主要参数设定如下：最高加速电压为 300kV，点分辨率为 0.17 纳米，最高放大倍数 150 万倍。

1.8.4 光致发光谱

光致发光谱（PS）指物质在光的激励下，电子从价带跃迁至导带并在价带留下空穴；电子和空穴在各自的导带和价带中通过弛豫达到各自未被占据的最低激发态（在本征半导体中即导带底和价带顶），成为准平衡态；准平衡态下的电子和空穴再通过复合发光，形成不同波长光的强度或能量分布的光谱图。光致发光（PL）过程包括荧光发光和磷光发光。

被测的荧光物质在激发光照射下所发出的荧光，经过单色器变成单色荧光后照射于光电倍增管上，由其所产生的光电流经过放大器放大输至记录仪。一个激发，一个发射，采用双单色器系统，可分别测量激发光谱和荧光光谱。使用 FLS980 对样品进行 PL 谱测试。

1.8.5 X 射线光电子能谱技术

X 射线光电子能谱技术（XPS）是电子材料与元器件显微分析中的一种先进分析技术，而且是经常和俄歇电子能谱技术配合使用。由于它可以比俄歇电子能谱技术更准确地测量原子的内层电子束缚能及其化学位移，所以它不但为化学研究提供分子结构和原子价态方面的信息，还能为电子材料研究提供各种化合物的元素组成和含量、化学状态、分子结构、化学键方面的信息。它在分析电子材料时，不但可提供总体方面的化学信息，还能给出表面、微小区域和深度分布方面的信息。另外，因为入射到样品表面的 X 射线束是一种光子束，所以对样品的破坏性非常小，这一点对分析有机材料和高分子材料非常有利。使用日本-岛津-Kratos AXIS SUPRA 对样品进行 XPS 测试。

参 考 文 献

[1] 严东生. 纳米材料的合成与制备 [J]. 无机材料学报, 1995, 10 (1): 1-6.

[2] 杨剑, 滕凤恩. 纳米材料综述 [J]. 材料导报, 1997, 11 (2): 6-10.

[3] 张立德. 纳米材料研究的新进展及在 21 世纪的战略地位 [J]. 中国粉体技术, 2000, 6 (1): 1-5.

［4］张立德. 纳米材料［R］. 中国新材料产业发展报告（2004），2004.

［5］张中太，林元华. 纳米材料及其技术的应用前景［J］. 材料工程，2000（3）：42-48.

［6］杜文华，张书练，李岩. 纳米激光器测尺中猫眼腔的优化设计［J］. 中国激光，2005，10（32）：3-6.

［7］韩道丽，赵元黎. 定向碳纳米管阵列的制备及其性能研究［D］. 郑州：郑州大学，2007.

［8］顾民，吕静兰，刘江丽，等. 电子化学品［M］. 北京：中国石化出版社，2006.

［9］方云，杨澄宇. 纳米技术与纳米材料简介［J］. 日用化学工业，2003，33（1）：55-59.

［10］LAKSHMI E. Dielectric properties of reactively sputtered gallium nitride films［J］. Thin Solid Films.，1981，83：137-140.

［11］MORIMOTO Y. Few characteristics of epitaxial GaN etching and thermal decompo-sition［J］. Electrochem. Soc.，1974，121：1383.

［12］ITO K，AMANO H，HIRAMATSU L K，et al. Cathodoluminescence properties of un-doped and Za-doped $Al_xGa_{1-x}N$ grown by metalorganic vapor phase epitaxy［J］. Jpn. J. Appl. Phys.，1991，30：1604-1608.

［13］ADESIDA I，MAHAJAN A，ANDIDEH E，et al. Reactive ion etching of gallium nitride in silicon tetrachloride plasmas［J］. Appl. Phys. Lett.，1993，63（20）：2777-2779.

［14］HAYS D C，CHO H，JUNG K B，et al. Selective dry etchingusing inductively coupled plasmas：InN/GaN and InN/AlN［J］. Appl. Surf. Sci.，1999，147（1/2/3/4）：134-139.

［15］MIWA K，FUKUMOTO A. First-principles calculation of the structural，electronic，and vibrational properties of gallium nitride and aluminum nitride［J］. Phys. Rev. B.，1993，48（11）：7897-7902.

［16］杨志祥，叶志镇. 氮化镓薄膜及纳米棒的制备和表征［D］. 杭州：浙江大学，2006.

［17］SHUL R J，VAWTER G A，WILLISON C G，et al. Comparison of plasma etch techniques for Ⅲ-Ⅴ nitrides［J］. Solid-State Electron.，1998，42（12）：2259-2267.

［18］HAN W Q，FAN S S，LI Q Q，et al. Sythesis of gallium nitride nanorods through a carbon nanotube-confined reaction［J］. Science.，1997，277（29）：1287-1289.

［19］杨志祥. GaN 薄膜及纳米棒的制备与表征［D］. 杭州：浙江大学，2006.

［20］张艳雯，毛兴武，周建军，等. 新一代绿色光源 LED 及其应用技术［M］. 北京：人民邮电出版社，2008.

［21］KENSAKU M，TAKUJI O. Preparation of large freestanding GaN substrates by hydride vapor phase epitaxy using GaAs as a starting substrate［J］. Jpn. J. Appl. Phys.，2001，40：140-143.

［22］ZHANG W，RIEMANN T，ALVES H R. Modulated growth of thick GaN with hydride phase epitaxy［J］. J. Cryst. Growth.，2002，234：616-622.

［23］CHENG G S，CHEN S H，ZHU X G，et al. Highly ordered nanostructures of single crystalline GaN nanowires［J］. Mater. Sci. Eng.，2000，286：165-168.

［24］REDLICH H W, ERNST F, RUHLE M. Synthesis of GaN-carbon compsite nanotubes and GaN nanorods by arc discharge in nitrogen atmosphere［J］. Appl. Phys. Lett., 2000, 76（5）: 652-654.

［25］SHI W S, ZHENG Y E, WANG N, et al. Microstructures of gallium nitride nanowires synthesized by oxide-assisted method［J］. Chem. Phys. Lett., 2001, 345: 377-380.

［26］LI J Y, CHEN X L, QIAO Z Y. Formation of GaN nanorods by a sublimation method［J］. J. Cryst. Growth., 2000, 213: 408-410.

［27］XU B S, ZHAI L Y, LIANG J. Synthesis and characterization of high purity GaN nanowires［J］. J. Cryst. Growth., 2006, 291（1）: 34-39.

［28］WAGNER R S, ELLIS W C. Vapor-liquid-solid mechanism of single crystal growth［J］. Appl. Phys. Lett., 1964, 4: 89-90.

［29］WU Y, YANG P. Direct observation of vaopr-liquid-solid nanowire growth［J］. Chem. Soc., 2001, 123: 3165-3166.

［30］SWAGNER R, ELLIS W C. Vapor-liquid-solid mechanism of single crystal growth［J］. Appl. Phys. Lett., 1964, 4: 89-90.

［31］CHEN P, WU X, LIN J. Comparative studies on the structure and electronic properties of carbon nanotubes prepared by the catalytic pyrolysis of CH_4 and disproportionation of CO［J］. Carbon, 2000, 38: 139-143.

［32］YU D P, HANG Q L, DING Y. Amorphous silica nanowires: intensive blue light Emitter［J］. Appl. Phys. Lett., 1998, 73: 3076-3078.

［33］王显明, 杨利, 王翠梅, 等. 氨化反应自组装 GaN 纳米线［J］. 稀有金属, 2003（6）: 27.

［34］BRENNER S S, SEAR G W. The growth of mercury crystals from the vapor［J］. Ann. N. Y. Acad. Sci., 1956, 65: 388-416.

［35］黄英龙. Au 催化 GaN 纳米线的制备与 Mg 掺杂研究［D］. 济南: 山东师范大学, 2009.

［36］崔春娟, 张军, 刘林, 等. 场致发射阴极材料的研究进展［J］. 材料导报, 2009, 23: 36-39.

［37］FOWLER R H, NORDHEIM L W. Electron emission in intense electric fields［J］. Proc. R. Soc.（London）Ser. A., 1928, 119: 173-181.

［38］刘学悫. 阴极电子学［M］. 北京: 科学出版社, 1980.

［39］刘元震, 王仲春, 董亚强. 电子发射与光电阴极［M］. 北京: 北京理工大学出版社, 1995.

［40］薛增泉, 吴全德. 电子发射与电子能谱［M］. 北京: 北京大学出版社, 1993.

［41］承欢, 江剑平. 阴极电子学［M］. 西安: 西北电讯工程学院出版社, 1986.

［42］刘恩科, 朱秉升, 罗晋升, 等. 半导体物理学［M］. 西安: 西安交通大学出版

社，1998.

[43] 王新庆，王淼，李振华，等. 单根纳米导线场发射增强因子的计算 [J]. 物理学报，2005，54（3）：1347-1351.

[44] WERNER K. US display industry on the edge [J]. IEEE Spectrum. ，1995，5：62-69.

[45] IVOR B. Vacuum micro-electronic Devices [J]. Proc. IEEE. ，1994，82：1006.

[46] KWON S H, CHO S H, YOO J S, et al. Cathodoluminescent characteristics of a spherical Y₂O₃：Eu phosphor screen for field emission display application [J]. J. Electrochem. Soc. ，2000，147：3120.

[47] DYKE W P, TROLAN J K, DOLAN W W, et al. The field emitter：Fabrication, electron microscopy, and electric field calculations [J]. J. Appl. Phys. ，1953，24：570.

[48] SPINDT C A, BRODIE I, HUMPHREY L, et al. Physical properties of thin-film field emission cathodes with molybdenum cones [J]. J. Appl. phys. ，1976，47：5248.

[49] GRAY H F, CAMPISI G J, GREENE R F. Technical digest of IEDM [C]// International Electron Devices Meeting. Washington，1986.

[50] GEIS M W, EFREMOV N N, WOODHOUSE J D, et al. Diamond cold cathode [J]. IEEE. Electr. Device. L，1991，12：456.

[51] LIJIMA S. Helical microtubules of graphitic carbon [J]. Nature. ，1991，354：56.

[52] DRESSELHAUS M S, DRESSELHAUS G, AVOURIS P. Carbon Nanotubes：Synthesis, Structure, Properties, and Applications [M]. Heidelberg：Springer，2000.

[53] MEYYAPPAN M. Carbon Nanotubes, Science and Applications [M]. Florida：CRC Press，2004.

[54] GEORGIEV D G, BAIRD R J, AVRUTSKY I, et al. Controllable excimer-laser fabrication of conical nano-tips on silicon thin films [J]. Appl. Phys. Lett. ，2004，84：4881.

[55] TAKAI M, YAMASHITA M, WILLE H, et al. Enhanced electron emission from n-type porous Si field emitter arrays [J]. Appl. Phys. Lett. ，1995，66（4）：422-423.

[56] FREDERICK C K Au, WONG K W, TANG Y H, et al. Electron field emission from silicon nanowires [J]. Appl. Phys. Lett. ，1999，75：1700.

[57] TERRONES M, GROBERT N, OLIVARES J, et al. Controlled production of aligned-nanotube bundles [J]. Nature，1997，388：52-55.

[58] AHN H S, LEE K R, KIM D Y, et al. Field emission of doped carbon nanotubes [J]. Appl. Phys. Lett. ，2006，88：093122.

[59] 朱长纯，刘兴辉. 碳纳米管场发射显示器的研究进展 [J]. 发光学报，2005，26（5）：557-563.

[60] POWERS M J, BENJAMIN M C, PORTER L M, et al. Observation of a negative electron affinity for boron nitride [J]. Appl. Phys. Lett. ，1995，67（26）：3912-3914.

[61] TANG C C, FAN S S, LI P, et al. Synthesis of boron nitride in tubular form [J]. Mater. Lett. , 2001, 51: 315.

[62] LIU X W, CHAN L H, HSIEH W J, et al. The effect of argon on the electron field emission properties of a-C: N thin films [J]. Carbon. , 2003, 41: 1143.

[63] TANG Y B, CONG H T, CHEN G, et al. An array of Eiffel-tower-shape AlN nanotips and its field emission properties [J]. Appl. Phys. Lett. , 2005, 86: 233104.

[64] WAN Q, YU K, WANG T H, et al. Low-field electron emission from tetrapod-like ZnO nanostructures synthesized by rapid evaporation [J]. Appl. Phys. Lett. , 2003, 83: 2253.

[65] LEE C J, LEE T J, LYU S C, et al. Field emission from well-aligned zinc oxide nanowires grown at low temperature [J]. Appl. Phys. Lett. , 2002, 81: 3648.

[66] ZHANG G, ZHANG Q, YI P, et al. Field emission from nonaligned zinc oxide nanowires [J]. Vacuum. , 2004, 77: 53-56.

[67] JOHNSON W C, PARSONS J B. Nitrogen compounds of gallium. Ⅲ [J]. J. Phys. Chem, 1932, 36 (10): 2588-2594.

[68] MARUSKA P, TIETTJEN J. The preparation and properties of vapor-deposited single-crystal GaN [J]. Appl. Phys. Lett. , 1969, 15: 327-329.

[69] GOLDBERGER J, HE R R, ZHANG Y F, et al. Single-crystal gallium nitride nanotubes [J]. Letters to Nature. , 2003, 422 (10): 599-601.

[70] JIAN J K, CHEN X L, HE M, et al. Large-scale GaN nanobelts and nanowires grown from milled Ga_2O_3 powders [J]. Chem. Phys. Lett. , 2003, 36 (8): 416-420.

[71] YIN L W, BANDO Y, ZHU Y C, et al. Indium assisted synthesis on GaN nanotubes [J]. Appl. Phys. Lett. , 2004, 84 (19): 3912-3914.

[72] ZHOU X T, SHAM T K, Shan Y Y, et al. One-dimensional zigzag gallium nitride nanostructures [J]. J. Appl. Phys. , 2005, 97: 104315.

[73] XU B S, YANG D, WANG F, et al. Synthesis of large scale GaN nanobelts by chemical vapor deposition [J]. Appl. Phys. Lett. , 2006, 89 (7): 1-3.

[74] 李红, 薛成山, 庄惠照, 等. 氮化 Si 基 Ga_2O_3/Ta 薄膜制备 GaN 纳米线 [J]. 微细加工技术, 2007, 5 (5): 31-33.

[75] 李恩玲, 王珊珊, 王雪文. GaN 薄膜的制备及其振动光谱的密度泛函理论研究 [J]. 无机材料学报, 2008, 23 (6): 1121-1124.

[76] 薛成山, 张冬冬, 庄惠照, 等. Mg 掺杂 GaN 纳米线的结构及其性能 [J]. 物理化学学报, 2009, 25 (1): 113-115.

[77] ZHANG R G, YANG H Q, ZHAO H, et al. Controllable in situ growth and photoluminescence of straight andzigzag-shaped nanowires of GaN [J]. Physica E. , 2010, 42: 1513-1519.

[78] ZERVOS M, OTHONOS A. Hydride-assisted growth of GaN nanowires on Au/Si(001) via the

reaction of Ga with NH$_3$ and H$_2$ [J]. J. Cryst. Growth. , 2010, 312：2631-2636.

［79］LEE Y M, NAVAMATHAVAN R, SONG K Y, et al. Bicrystalline GaN nanowires grown by the formation of Pt+Ga solid solution nano-droplets on Si（111）using MOCVD [J]. J. Cryst. Growth. , 2010, 312：2339-2344.

［80］KANG S M, KANG B K, YOON D H. Growth and properties of vertically well-aligned GaN nanowires by thermal chemical vapor deposition process [J]. Mater. Lett. , 2011, 65：763-765.

［81］梁建，王晓宁，张华，等. Zn 掺杂 Z 形 GaN 纳米线的制备及表征 [J]. 人工晶体学报，2012, 41（1）：36-46.

［82］YANG Y, LING Y C, LU X H, et al. Growth of gallium nitride and indium nitride nanowires on conductive and flexible carbon cloth substrates [J]. Nanoscale, 2013, 5：1820.

［83］XU S R, HAO Y, ZHANG J C, et al. Yellow Luminescence of Polar and Nonpolar GaN Nanowires on r-Plane Sapphire by Metal Organic Chemical Vapor Deposition [J]. Nano Lett. , 2013, 13（8）3654-3657.

［84］KIM S, PARK S, KO H, et al. Enhanced near-UV emission from self-catalytic brush-like GaN nanowires [J]. Mater. Lett. , 2014, 116：314-317.

［85］颜汐阳. GaN 纳米带压电晶体管的力电耦合性能研究 [D]. 湘潭：湘潭大学，2018.

［86］郝娟. 基于飞秒激光液相烧蚀的宽禁带半导体纳米材料的制备技术研究 [D]. 长春：吉林大学，2020.

［87］张偲. 氮化镓一维纳米材料及纳米薄膜的制备与光学性能研究 [D]. 合肥：中国科学技术大学，2022.

［88］WEBER Z, CHEN Y, RUVIMOV S, et al. Formation mechanism of nanotubes in GaN [J]. Phys. Rev. Lett. , 1997, 79（15）：2835-2838.

［89］LEE S M, LEE Y H, WANG Y G, et al. Stability and electronic structure of GaN nanotube from density functional calculations [J]. Phys. Rev. B. , 1999, 60（11）：7788-7791.

［90］JENG Y R, TSAI P C, FANG T H. Molecular dynamics simulation of nanoscale tribology [J]. 2004, 7（4）：213-217.

［91］WANG Q, SUN Q, JENA P. Ferromagnetism in Mn-doped GaN nanowires [J]. Phys. Rev. Lett. , 2005, 95（16）：167202.

［92］WU R Q, PENG G W, LIU L, et al. Cu-doped GaN：A dilute magnetic semiconductor from First-principles study [J]. Appl. Phys. Lett. , 2006, 89（6）：062505.

［93］WANG Z, ZU X, GAO F, et al. Atomistic study of the melting behavior of single crystalline wurtzite gallium nitride nanowires [J]. J. Mater. Res. , 2007, 22（3）：742-747.

［94］FANG D Q, ROSA A L, FRAUENHEIM T, et al. Band gap engineering of GaN nanowires by surface functionalization [J]. Appl. Phys. Lett. , 2009, 94（7）：073116.

［95］ WANG Z, ZHANG C, LI J, et al. First principles study of electronic properties of gallium nitride nanowires grown along different crystal directions ［J］. Comput. Mater. Sci. , 2010, 50（2）: 344-348.

［96］ TANG Q, CUI Y, LI Y, et al. How do surface and edge effects alter the electronic properties of GaN nanoribbons ［J］. J. Phys. Chem C. , 2011, 115（5）: 1724-1731.

［97］ GONG X, DOGAN P, ZHANG X, et al. Atomic-scale behavior of adatoms in axial and radial growth of GaN nanowires ［J］. Jpn. J. Appl. Phys. , 2014, 3（8）: 085601.

［98］ FU N, LI E, CUI Z, et al. The electronic properties of phosphorus-doped GaN nanowires from first-principle calculations ［J］. J. Alloy. Compd. , 2014, 596: 92-97.

［99］ 王婷. GaN、InN 纳米材料的制备与性能研究 ［D］. 广州: 华南理工大学, 2019.

［100］ 邢志伟. 基于电化学反应的 GaN 基纳米材料与器件研究 ［D］. 合肥: 中国科学技术大学, 2021.

［101］ FAN S, FRANKLIN M G, TOMBLER T W, et al. Self-oriented regular arrays of carbon nanotubes and their field emission properties ［J］. Science, 1999, 283: 512.

［102］ KIM T Y, LEE S H, MO Y H, et al. Growth of GaN nanowires on Si substrate using Ni catalyst in vertical chemical vapor deposition reactor ［J］. J. Cryst. Growth. , 2003, 257: 97-103.

［103］ LUO L Q, YU K E, ZHU Z Q, et al. Field emission from GaN nanobelts with herringbone morphology ［J］. Mater. Lett. , 2004, 58: 2893.

［104］ BYEONGCHUL H, SUNG S H, JUNG C H, et al. Optical and field emission properties of thin single-crystalline GaN nanowires ［J］. J. Phys. Chem. B. , 2005, 109: 11095-11099.

［105］ LIU B D, BANDO Y, TANG C C, et al. Needlelike bicrystalline GaN nanowires with excellent field emission properties ［J］. J. Phys. Chem. B, 2005, 109: 17082-17085.

［106］ LIU B D, BANDO Y, TANG C C, et al. Excellent field-emission properties of P-doped GaN nanowires ［J］. J. Phys. Chem. B, 2005, 109: 21521-21524.

［107］ JANG W S, KIM S Y, LEE J, et al. Triangular GaN-BN core-shell nanocables: Synthesis and field emission ［J］. Chem. Phys. Lett. , 2006, 422: 41-45.

［108］ NG D K T, HONG M H, TAN L S, et al. Field emission enhancement from patterned gallium nitride nanowires ［J］. Nanotechnology, 2007, 18: 375707.

［109］ DINH D V, KANG S M, YANG J H, et al. Synthesis and field emission properties of triangular-shaped GaN nanowires on Si(100) substrates ［J］. J. Cryst. Growth. , 2009: 495-499.

［110］ FU L T, CHEN Z G, WANG D W, et al. Wurtzite P-doped GaN triangular microtubes as field emitters ［J］. J. Phys. Chem. C. , 2010, 114: 9627.

［111］ LI E L, CUI Z, DAI Y B, et al. Synthesis and field emission properties of GaN nanowires

〔J〕. Appl. Surf. Sci. , 2011, 257：10850-10854.

［112］ CHOI Y, MICHAN M, JASON L J, et al. Field-emission properties of individual GaN nanowires grown by chemical vapor deposition〔J〕. J. Appl. Phys. , 2012, 111（4）：173.

［113］ NABI G, CAO C B, KHAN W S. Preparation of grass-like GaN nanostructures：Its PL and excellent field emission properties〔J〕. Mater. Lett. , 2011, 66：50-53.

［114］ 刘冠江. 低维纳米材料场发射阵列的制备及性能研究〔D〕. 郑州：郑州大学, 2021.

2 塔形和铅笔形 GaN 纳米线的制备及性能

2.1 引　言

GaN 为直接带隙半导体材料，禁带宽度为 3.4eV。GaN 具有高熔点、高热导率和高载流子迁移率，这些特征使得 GaN 在蓝光 LED、激光器和大功率设备也具有潜在的应用。GaN 具有较小的功函数（4.1eV）和较小的电子亲和势（2.7~3.3eV），具有较高的化学和物理稳定性，因此 GaN 材料可用做场发射阴极材料[1-2]。尤其是一维 GaN 纳米材料，具有奇特的形貌和性能，更适合于作场发射阴极材料。到目前为止，已经成功合成了各种不同形貌的一维 GaN 纳米结构[1-23]，它们都具有较好的场发射性能，所以特殊形貌有利于增强 GaN 纳米线的场发射性能。本章讲述塔形 GaN 纳米线和铅笔形 GaN 纳米线的制备及场发射性能。

在本章中用 CVD 法在 Pt/Si(111) 衬底上成功合成出塔形 GaN 纳米线和铅笔形 GaN 纳米线。用 XRD、SEM 和 TEM 对样品进行了表征。此外，还对样品的 PL 和场发射性能进行分析。

近年来，气相-模板合成法、VLS 合成法、氧化辅助合成法等技术先后应用于制备高质量 GaN 纳米线。其中，VLS 合成法是一种非常通用的，并且一直以来备受众多研究者关注的方法，其合成机理可以解释为：高温下，气态反应物不断溶解进液态的纳米液滴当中，当液滴达到饱和状态时，在其表面就会析出纳米晶核，这样，产物就会沿着纳米晶核中表面能最小的晶面生长，在催化剂液滴的引导束缚下，形成一维纳米材料。比较有代表性的 VLS 合成方法包括激光辅助催化法、催化剂存在下的 CVD 法及自催化 VLS 合成法。

2.2 塔形 GaN 纳米线的制备

2.2.1 塔形 GaN 纳米线的制备过程

本章实验采用单晶 Si 片作衬底来制备 GaN 纳米线薄膜，因为 Si 材料具有良好的热稳定性和物理性质，并且相比于 SiC 衬底，Si 衬底加工出来的成品价格便宜，相比于蓝宝石衬底，Si 衬底具有较好的导电性，而且，目前在光电器件和微电子集成方面，Si 具有非常明显的优势。虽然 Si 材料与 GaN 材料间存在热失配和晶格失配，但是多年来科学工作者们对 Si 衬底持有很大的兴趣，通过不断地研究，现在已经可以成熟地在 Si 衬底上制备 GaN 纳米线了。所以，实验中采用单晶 Si 片作为衬底，采用 Pt 纳米颗粒作为催化剂，使用 CVD 法，基于 VLS 生长机制制备塔形 GaN 纳米线。

本章中用碳还原 CVD 法制备塔形 GaN 纳米线。实验中将按化学计量比称取的高纯 Ga_2O_3 粉、碳粉均匀混合后放入石英舟中，并且把 Si 衬底同时放入石英舟中，把石英舟放入管式炉中，高温通 NH_3 反应形成 GaN 纳米线。实验过程中除了主要的反应装置管式炉外，还使用到的仪器有：NH_3 减压阀、氩气减压阀、N_2 减压阀（控制气体压强）、NH_3 流量计、氩气流量计、N_2 流量计（控制气体流量）、电子天平（称 Ga_2O_3 和碳粉末质量）、超声波清洗器（清洗硅衬底和石英舟）及马弗炉（干燥衬底和石英舟）。使用到的药品有：Ga_2O_3(99.999%)、NH_3(99.99%)、碳粉(99.999%) 及浓硝酸、浓盐酸、浓硫酸、浓氨水、酒精、氢氟酸、双氧水、去离子水等。

实验中所使用的衬底是 (111) 方向的单晶 Si 衬底，需要将所购买的圆片状 Si 衬底切割成 1cm×2cm 大小的长条状，分 4 个步骤对其进行清洗：

（1）去蜡：把切好的 Si 衬底放入浓硫酸和双氧水 1:1 混合液中煮沸 10min，然后用去离子水冲洗。

（2）去有机物：Si 衬底在双氧水、氨水和去离子水 1:1:6 混合液中，80℃煮 15min，取出后用去离子水冲洗。

（3）去氧化物：Si 衬底在 10%氢氟酸溶液中浸 15s，然后用去离子水冲洗。

（4）去无机物：Si 衬底在双氧水、盐酸和去离子水 1:1:6 混合液中，80℃煮 15min，取出后用去离子水冲洗。

将以上清洗好的 Si 衬底在马弗炉中烘干，然后使用 JFC-1600 型离子溅射镀膜仪，在真空度为 $6.62×10^{-3}Pa$ 的情况下，设置溅射电流为 40mA，溅射时间为50s，对 Si 衬底镀 Pt 薄膜。把溅射过 Pt 薄膜的 Si 衬底放入石英舟中，镀膜面朝上，然后把石英舟推入管式炉恒温区，对 Si 衬底进行退火处理，设置退火温度为 1000℃，NH_3 流量为 100mL/min，退火时间是 20min。炉体升温前先通 20min N_2 用以除去炉管中的空气，然后以 10℃/min 的升温速率升温到 1000℃进行退火处理。退火结束后自然冷却到室温。

以 NH_3 和 Ga_2O_3 作为 N 源和 Ga 源，在 Pt/Si(111) 衬底上合成塔形 GaN 纳米线。将 Ga_2O_3 和碳粉混合均匀置于石英舟中，Si 基片衬底放置于距离源材料 2cm 处。将石英舟放入区域控温管式炉的石英管内，通入流量为 300mL/min 的

N_2 20min 排空气，确保管内为无氧环境。接着以 10℃/min 的升温速度升至反应温度，然后先通入流量为 200mL/min 的氩气 10min，再通入一定流量的 NH_3 保持一段时间。反应完成后自然降温至室温，从衬底上获得淡黄色产物并对其进行了表征。

用 XRD、拉曼光谱、SEM、TEM 和 HRTEM 对样品的晶体结构和形貌进行了表征。在室温下进行了 PL 谱及拉曼光谱测试，激励波长分别为 325nm 和 515nm。通过场发射测试系统对样品进行场发射性能测试。

2.2.2　工艺条件对制备塔形 GaN 纳米线的影响

为了研究生长温度对塔形 GaN 纳米线的影响，在不同的温度下，同时保持其他条件不变，做了 3 组实验。按照第 2.2.1 节的实验步骤，分别在 1100℃、1150℃和 1200℃条件下通入流量为 200mL/min 的 NH_3 保持 20min，制备出塔形 GaN 纳米线。

图 2-1 是不同温度下制备塔形 GaN 纳米线的 SEM 图。从图 2-1（a）和（b）可以看出当生长温度为 1100℃时，GaN 纳米线为塔形，纳米线沿生长方向逐渐变细，直径为 100~150nm，长度约为 3μm。从图2-1（c）和（d）可以看出生长温度为 1150℃时，纳米线也为塔形，纳米线沿生长方向逐渐变细，直径为 100~200nm，长度约为 10μm。从图 2-1（e）~（f）可以看出生长温度为 1200℃时，纳米线也为塔形，纳米线沿生长方向逐渐变细，直径为 200~500nm，长度可以达到 10μm。经过对比观察可以发现：随着温度的升高，GaN 纳米线的直径逐渐变大，长度逐渐变长；3 种温度下都可以制备出塔形 GaN 纳米线，可以为做不同尺度的器件提供不同尺度的 GaN 纳米线；3 种温度下制备的塔形 GaN 纳米线顶端都有催化剂颗粒，说明塔形 GaN 纳米线的制备遵循 VLS 机制。

为了研究 NH_3 流量对塔形 GaN 纳米线的影响，在不同的 NH_3 流量下，同时保持其他条件不变，做了 3 组实验。按照第 2.2.1 节的实验步骤，升温至 1200℃，分别通入流量为 100mL/min、150mL/min 和 200mL/min 的 NH_3 保持 20min，制备出塔形 GaN 纳米线。

图 2-2 为不同 NH_3 流量下制备塔形 GaN 纳米线的 SEM 图。从图 2-2（a）和（b）可以看出 NH_3 流量为 100mL/min 时，GaN 纳米线为塔形，纳米线沿生长方向逐渐变细，直径为 50~100nm，长度约为 3μm，密度比较稀疏。从图 2-2（c）和（d）可以看出 NH_3 流量为 150mL/min 时，GaN 纳米线也为塔形，纳米线沿生长方向逐渐变细，直径约为 100~200nm，长度约为 4μm，密度相比 100mL/min 生长的纳米线较大。从图 2-2（e）和（f）可以看出 NH_3 流量为 200mL/min 时，GaN 纳米线也为塔形，纳米线沿生长方向逐渐变细，直径为

图 2-1 不同温度下制备塔形 GaN 纳米线扫描电镜图

(a)(b) 1100℃;(c)(d) 1150℃;(e)(f) 1200℃

图 2-2   不同 NH₃ 流量下制备塔形 GaN 纳米线扫描电镜图

（a）（b） 100mL/min；（c）（d） 150mL/min；（e）（f） 200mL/min

200~500nm，长度可以达到 10μm。经过对比观察可以发现：随着 NH₃ 流量的增大，GaN 纳米线的直径逐渐变大，长度逐渐变长，且密度越来越大；3 种 NH₃ 流量下都可以制备出塔形 GaN 纳米线，可以为做不同尺度的器件提供不同尺度的 GaN 纳米线；3 种 NH₃ 流量下制备的塔形 GaN 纳米线顶端都有催化剂颗粒，说明塔形 GaN 纳米线的制备遵循 VLS 机制。

为了研究氨化时间对塔形 GaN 纳米线的影响，在不同的氨化时间下，同时保持其他条件不变，做了 3 组实验。按照第 2.2.1 节的实验步骤，升温至 1200℃，通入流量为 200mL/min 的 NH₃ 分别保持 10min、15min、20min，制得塔形 GaN 纳米线。

图 2-3 为不同氨化时间下制备塔形 GaN 纳米线的 SEM 图。从图 2-3（a）和（b）可以看出当氨化时间为 10min 时，GaN 纳米线为塔形，纳米线粗细均匀，直径约为 150nm，长度约为 5μm。从图 2-3（c）和（d）可以看出当氨化时间为 15min 时，GaN 纳米线也为塔形，纳米线沿生长方向逐渐变细，直径为 100~200nm，长度约为 6μm。从图 2-3（e）和（f）可以看出氨化时间为 20min 时，GaN 纳米线也为塔形，纳米线沿生长方向逐渐变细，直径为 200~500nm，长度可以达到 10μm。经过对比观察可以发现：随着氨化时间的变长，GaN 纳米线的直径逐渐变大，长度逐渐变长；3 种氨化时间下都可以制备出塔形 GaN 纳米线，可以为做不同尺度的器件提供不同尺度的 GaN 纳米线；3 种氨化时间下制备的塔形 GaN 纳米线顶端都有催化剂颗粒，说明塔形 GaN 纳米线的制备遵循 VLS 机制。

2.2.3 塔形 GaN 纳米线 XRD 表征

图 2-4 是生长温度为 1200℃，氨化时间为 20min，NH₃ 流量为 200mL/min 制得的样品的 XRD 图谱。衍射峰（100）（002）（101）（102）（110）（103）（112）和（201）与六方纤锌矿结构 GaN 的标准卡片一致，晶格常数 $a = 0.318nm$，$c = 0.518nm$。由图 2-4 可以看出，位于 $2\theta = 34.5°$ 处的（002）衍射峰较强，表明所制备的 GaN 纳米线是沿 [001] 晶向生长，制备的塔形 GaN 纳米线为单晶纳米线，而所得衍射谱中没有出现 Ga_2O_3 的峰，说明 Ga_2O_3 和 NH₃ 发生了充分反应，所制备的样品具有较高的纯度。

2.2.4 塔形 GaN 纳米线 SEM 表征

图 2-5 是生长温度为 1200℃，氨化时间为 20min，NH₃ 流量为 200mL/min 制得的样品的 SEM 图。从图 2-5 中可以看出，纳米线的形貌是层状结构，其直径沿轴线方向从 500~200nm 逐渐递减；GaN 纳米线的长度可以达到 10μm，并且纳米

图 2-3　不同氨化时间下制备塔形 GaN 纳米线扫描电镜图

（a）（b）10min；（c）（d）15min；（e）（f）20min

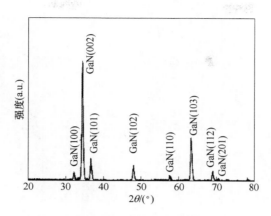

图 2-4 塔形 GaN 纳米线 X 射线衍射图谱

线具有尖端结构。图 2-5（a）中的插图是该塔形 GaN 纳米线的高分辨图，从图中可以看出纳米线的尖端具有 Pt 颗粒，表明塔形 GaN 纳米线生长机制符合 VLS 生长机制。从图 2-5（b）中可以看出该塔形 GaN 纳米线的横截面是六边形。

图 2-5 塔形 GaN 纳米线扫描电镜图

（a）低倍 SEM 图；（b）高倍 SEM 图

2.2.5 塔形 GaN 纳米线 TEM 表征

图 2-6 是生长温度为 1200℃，氮化时间为 20min，NH_3 流量为 200mL/min 制得的样品的 TEM 图。图 2-6（a）中的插图是塔形 GaN 纳米线能量色散 X 射线光谱（EDX）。EDX 分析表明，该纳米线仅含有 N 元素和 Ga 元素（Cu 衍射峰来源于 TEM 网格），表明塔形 GaN 纳米线具有非常高的纯度。图 2-6（b）是图 2-6（a）的高倍率 TEM 图，从图 2-6（b）中可以看出，该 GaN 纳米线表面具

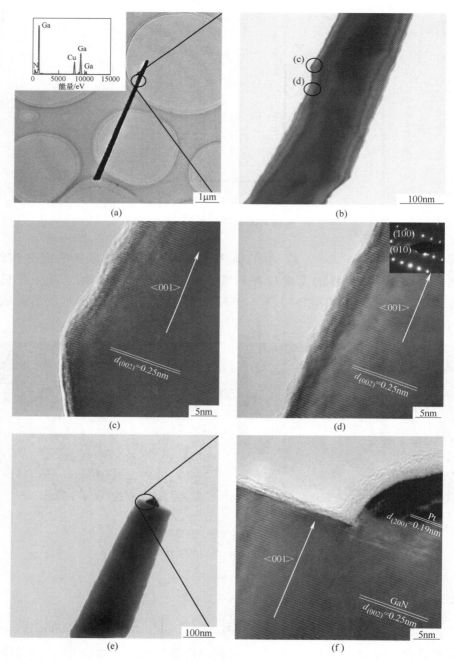

图 2-6 塔形 GaN 纳米线 TEM 图

（a）TEM 图；（b）高倍 TEM 图；（c）（d）HRTEM 图；

（e）单根 GaN 纳米线的 TEM 图；（f）纳米 Pt 颗粒与 GaN 纳米线界面的 HRTEM 图

有一些突起，从外表上判断，这些突起应该是塔形的边缘。因此，图 2-6（b）与图 2-5（b）的结果是一致的。图 2-6（c）和图 2-6（d）是图 2-6（b）的 HRTEM 图像，从图中可以看出晶面间距为 0.25nm，对应于六方纤锌矿 GaN 的（002）晶面。图 2-6（d）的插图是 SAED，与单晶六方纤锌矿衍射斑点一致。图 2-6（e）是单根 GaN 纳米线的 TEM 图像，由图可以看出纳米线的尖端具有金属颗粒存在。图 2-6（f）是图 2-6（e）中 Pt 颗粒与 GaN 纳米线界面的 HRTEM 图，测得 Pt 纳米颗粒的晶面间距为 0.19nm，与 Pt（200）晶面一致。图 2-6（f）揭示了 GaN 纳米线的晶面间距为 0.25nm，与六方纤锌矿 GaN（002）晶面一致。因此可以得出结论：GaN 纳米线是沿 [001] 晶向生长的，与 XRD 结果是一致的。

2.2.6 塔形 GaN 纳米线生长机理分析

当管式炉中的温度达到所需的温度时，Pt 颗粒熔化成小液滴，同时 Ga_2O_3 被碳还原为 Ga_2O 和 Ga，然后，这些游离的气态 Ga 原子被 Pt 液滴吸附在 Si 衬底上。一段时间后，通入 NH_3，NH_3 分解为 N_2 和 H_2，Ga_2O_3 不断的被 H_2 和碳还原，并且，Pt-Ga 液滴开始吸附 N 原子。最终，塔形 GaN 纳米线被合成。在整个 GaN 纳米线合成过程中，基于 GaN 纳米线形貌的改变，塔形 GaN 纳米线的生长机理为 VLS 机制。图 2-7 为轴向生长（富 N）和横向生长（富 Ga）两种不同的生长模式[23]。在这些塔形 GaN 纳米线的生长过程中，在反应初始阶段，Ga 原子较多，富 Ga 条件导致 GaN 纳米线横向生长速率比轴向生长速率高，从而导致 GaN 纳米线的直径较大。经过一段时间之后，Ga 原子数量减少，富 N 条件导致 GaN 纳米线轴向生长速率比横向生长速率高，导致后面生长的 GaN 纳米线直径较小。随着 Ga 原子数量越来越少，GaN 纳米线的直径也越来越小。最终，塔形 GaN 纳米线被合成。图 2-8 为塔形 GaN 纳米线的生长机理模式图。

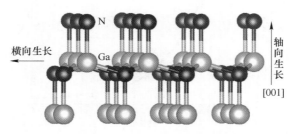

图 2-7　GaN 纳米线轴向生长和横向生长两种不同的生长模式

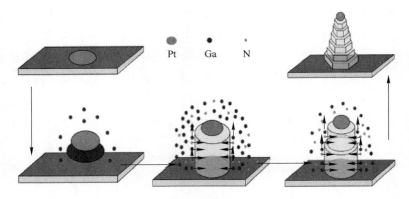

图 2-8　塔形 GaN 纳米线的生长机理模式图

2.3　塔形 GaN 纳米线性能测试

2.3.1　塔形 GaN 纳米线光致发光谱分析

图 2-9 是生长温度为 1200℃，氨化时间为 20min，NH$_3$ 流量为 200mL/min 制得的样品的 PL 谱。从图 2-9 可以看出，塔形 GaN 纳米线在 375nm（3.31eV）有一个紫外发射峰，这主要归因于近带边发射。与文献中报道的 365nm（3.39eV）[24-25] 发光峰相比发生了 10nm 的红移。这种轻微红移可能是激光激发加热所致[26]。GaN 纳米线的直径比 GaN 激子（11nm）的玻尔半径大[27]，这超过了量子限制效应的范畴，因此没有发生蓝移。所有这些均表明塔形 GaN 纳米线具有良好的光学性能，其在纳米发光器件中具有潜在的应用。

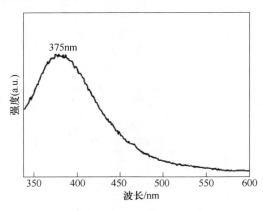

图 2-9　塔形 GaN 纳米线的光致发光谱图

2.3.2 塔形 GaN 纳米线拉曼光谱分析

图 2-10 是生长温度为 1200℃，氨化时间为 20min，NH_3 流量为 200mL/min 制得的样品的拉曼光谱。从图中可以清晰地看到拉曼散射峰分别位于 251cm^{-1}、420cm^{-1}、530cm^{-1}、560cm^{-1}、569cm^{-1}、670cm^{-1}、729cm^{-1} 和 745cm^{-1}。其中 530cm^{-1}、560cm^{-1}、569cm^{-1}、729cm^{-1} 和 745cm^{-1} 处的拉曼散射峰分别对应于六方纤锌矿 GaN 结构的一阶拉曼振动模式 $A_1(TO)$、$E_1(TO)$、$E_2(high)$、$A_1(LO)$ 和 $E_1(LO)$ 的声子振动频率。众所周知，在纤锌矿结构中，$E_2(high)$ 模对晶体中的应力比较敏感，发现 $E_2(high)$ 没有发生移动，则说明纳米线中不存在应力[28]。对纤锌矿晶体来说，一阶拉曼振动模式与晶格的对称性有直接的关系。位于 251cm^{-1}、420cm^{-1} 和 670cm^{-1} 处的二阶拉曼声子模式散射峰是由于量子尺寸效应引起的。420cm^{-1} 处的散射峰是声学声子振动产生的，而 251cm^{-1} 处的散射峰是布里渊区边界声子振动产生的，670cm^{-1} 处的散射峰是由缺陷引起的振动模式。正如以上所述，说明所制备的塔形 GaN 纳米线为六方纤锌矿结构，与 XRD 结果一致。

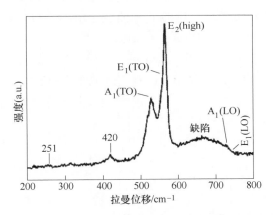

图 2-10　塔形 GaN 纳米线的拉曼光谱图

2.3.3 塔形 GaN 纳米线场发射性能分析

在第 1 章中曾介绍过场发射电流方程为：

$$J = \frac{A\beta^2 E^2}{\varphi} \exp\left(-\frac{B\varphi^{\frac{3}{2}}}{\beta E}\right) \tag{2-1}$$

对式 (2-1) 做移项变形后得到下面的 F-N 方程：

$$\ln \frac{J}{E^2} = \frac{-B\varphi^{\frac{3}{2}}}{\beta} \cdot \frac{1}{E} - \ln \frac{\varphi}{A\beta^2} \tag{2-2}$$

由 F-N 方程（2-2）看出，$\ln(J/E^2)$ 和 $1/E$ 呈线性关系，其斜率反映出材料功函数 φ、场增强因子 β 和常数 B 之间的关系，对于固定材料，功函数是一定的，场增强因子不同会导致 F-N 曲线出现不同的斜率；其截距反映出功函数 φ、场增强因子 β 和常数 A 之间的关系。通常场发射外加电场 E 和发射电流密度 J 遵循 F-N 关系，因此 F-N 方程成为判断电子发射是否属于场致发射的有力手段。对测试数据进行处理，以电场强度 E 为横坐标，电流密度 J 为纵坐标，绘制出 J-E 曲线；以 $1/E$ 为横坐标，以 $\ln(J/E^2)$ 为纵坐标绘制出 F-N 曲线。通过场发射测试系统对样品进行场发射性能测试，测试时，样品作为发射电子的阴极（测试过程中保持阴极探针与样品衬底紧密接触），接收电子的阳极使用 ITO 导电玻璃（在钠钙基或硅硼基基片玻璃的基础上，利用磁控溅射的方法镀上一层氧化铟锡），阴极和阳极之间用厚度为 120μm 的聚四氟乙烯绝缘材料隔开。测试过程中的真空度 3.8×10^{-4}Pa。

图 2-11 所示是生长温度为 1200℃，氨化时间为 20min，NH$_3$ 流量为 200mL/min 制得的样品的 J-E 曲线及对应的 F-N 曲线。由图 2-11（a）可以看出，塔形 GaN 纳米线的开启电场为 4.39V/μm（在电流密度为 0.01mA/cm^2 时），阈值电场为 12.3V/μm（在电流密度为 1mA/cm^2 时）。图 2-11（b）为样品的 F-N 曲线，可以看出曲线近似呈线性，这表明是由真空隧道效应引起的。对 F-N 曲线进行拟

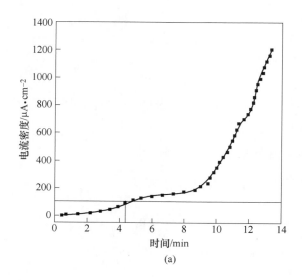

(a)

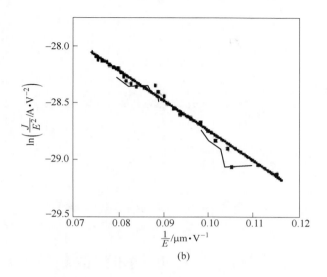

图 2-11　塔形 GaN 纳米线的 *J-E* 曲线（a）和 F-N 曲线（b）

合，计算得塔形 GaN 纳米线场增强因子 β 为 2078。塔形 GaN 纳米线的开启电场（4.39V/μm）低于普通 GaN 纳米线的开启电场（9.1V/μm）[11]，塔形 GaN 纳米线的场增强因子（2087）大于普通 GaN 纳米线的场增强因子（730），说明塔形 GaN 纳米线的场发射性能优于普通 GaN 纳米线，塔形有利于增强 GaN 纳米线的场发射性能。

图 2-12 为在外加电场强度为 6.5V/μm 时，塔形 GaN 纳米线在 60min 内的场发射稳定性，初始电流密度和平均电流密度分别为 146.3μA/cm^2 和 152.8μA/cm^2。从图中可以明显观察到电流密度没有显著的变化，并且场发射电流密度波动维持在 4.4%范围内，证明塔形 GaN 纳米线在作为场发射器件时具有较高的稳定性。塔形 GaN 纳米线具有较好场发射的原因归结于以下几点：（1）塔形 GaN 纳米线具有的尖端结构有利于电子发射；（2）GaN 纳米线的表面是层状结构，并且横截面为六边形，因此这些结构就会在 GaN 纳米线的表面形成许多边界，边界越多，纳米线表面越粗糙，粗糙的表面能显著提高材料的场发射性能；（3）塔形 GaN 纳米线的特殊结构具有较大的表面积，较大的表面积能快速的消散能量，因此，当 GaN 纳米线遭受较强的热量时，塔形 GaN 纳米线不容易遭到破坏。说明塔形 GaN 纳米线可以用于场发射电子源、场发射显示器和真空纳米电子器件等领域。

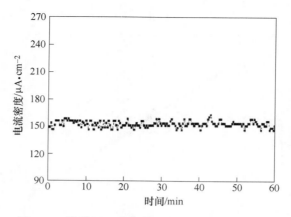

图 2-12　塔形 GaN 纳米线的场致发射电流稳定性

2.4　铅笔形 GaN 纳米线的制备

2.4.1　铅笔形 GaN 纳米线的制备过程

与第 2.2.1 节塔形 GaN 纳米线的制备过程一样，本章实验采用单晶 Si 片作为衬底，采用 Pt 纳米颗粒作为催化剂，使用 CVD 法，基于 VLS 生长机制制备铅笔形 GaN 纳米线。

本章中用 CVD 法制备铅笔形 GaN 纳米线。实验中将按化学计量比称取的高纯 Ga_2O_3 粉放入石英舟中，并且把 Si 衬底同时放入石英舟中，把石英舟放入管式炉中，高温通 NH_3 反应形成 GaN 纳米线。实验过程中除了主要的反应装置管式炉外，还使用到的仪器有：NH_3 减压阀、氩气减压阀、N_2 减压阀（控制气体压强）、NH_3 流量计、氩气流量计、N_2 流量计（控制气体流量）、电子天平（称 Ga_2O_3 粉末质量）、超声波清洗器（清洗硅衬底和石英舟）及马弗炉（干燥衬底和石英舟）。使用到的药品有：Ga_2O_3(99.999%)、NH_3(99.99%)、浓硝酸、浓盐酸、浓硫酸、浓氨水、酒精、氢氟酸、双氧水、去离子水等。

铅笔形 GaN 纳米线制备前的准备工作同第 2.1.1 节塔形 GaN 纳米线制备前的准备工作，然后以 NH_3 和 Ga_2O_3 作为 N 源和 Ga 源，在 Pt/Si(111) 衬底上合成铅笔形 GaN 纳米线。将 Ga_2O_3 粉末置于石英舟中，Si 基片衬底放置于距离源材料 2cm 处，然后将石英舟放入区域控温管式炉的石英管内，通入流量为 300mL/min 的 N_2 20min 排空气，确保管内为无氧环境。接着以 10℃/min 的升温速度升至反应温度，然后通入一定流量的 NH_3 保持一段时间。反应完成后自然降温至室温，从衬底上获得淡黄色产物并对其进行了表征。

用 XRD、SEM、TEM 和 HRTEM 对样品的晶体结构和形貌进行了表征。通过场发射测试系统对样品进行场发射性能测试。

2.4.2 工艺条件对制备铅笔形 GaN 纳米线的影响

为了研究生长温度对铅笔形 GaN 纳米线的影响，在不同的温度下，同时保持其他条件不变，做了 3 组实验。按照第 2.4.1 节的实验步骤，分别在 1050℃、1100℃、1150℃条件下通入流量为 500mL/min 的 NH_3 保持 20min，制备出不同形貌的 GaN 纳米线。

图 2-13 为不同温度下制备的 GaN 纳米线的 SEM 图。从图 2-13（a）和（b）可以看出当生长温度为 1050℃时，GaN 纳米线为针尖状，纳米线沿生长方向逐渐变细，直径为 100~150nm，长度约为 5μm。从图 2-13（c）和（d）可以看出纳米线也为针尖状，纳米线沿生长方向逐渐变细，直径为 100~300nm，长度约为 10μm。从图 2-13（e）和（f）可以看出纳米线包括两个部分，底部是直径大的纳米线，顶部是直径小的纳米线，沿纳米线轴线的直径逐渐由 600nm 减小到 200nm，长度可以达到 10μm。这种结构的 GaN 纳米线称为纳米铅笔。经过对比观察可以发现：随着温度的升高，GaN 纳米线的直径逐渐变大，长度逐渐变长；在 1050℃和 1100℃条件下可以制得针尖状 GaN 纳米线，在 1150℃下可以制备出 GaN 纳米铅笔，可以为做不同结构器件提供不同形貌的 GaN 纳米线；3 种温度下制备的 GaN 纳米结构顶端都有催化剂颗粒，说明 3 种温度下制备的 GaN 纳米结构遵循 VLS 机制。

为了研究 NH_3 流量对制备铅笔形 GaN 纳米线的影响，在不同的 NH_3 流量下，同时保持其他条件不变，做了 3 组实验。按照第 2.4.1 节的实验步骤，升温至 1150℃，然后分别通入流量为 300mL/min、400mL/min、500mL/min 的 NH_3 保持 20min，制备出不同形貌的 GaN 纳米线。

图 2-14 为不同 NH_3 流量下制备的 GaN 纳米结构的 SEM 图。从图 2-14（a）和（b）可以看出 NH_3 流量为 300mL/min 时，GaN 纳米线为针尖状，纳米线沿生长方向逐渐变细，直径为 100~400nm，长度约 10μm。从图 2-14（c）和（d）可以看出 NH_3 流量为 400mL/min 时，GaN 纳米结构包括两个部分，底部是直径大的纳米线，顶部是直径小的纳米线，沿纳米线轴线的直径逐渐由 400nm 减小到 100nm，长度可以达到 10μm。从图 2-14（e）和（f）可以看出 NH_3 流量为 500mL/min 时，GaN 纳米结构也包括两个部分，底部是直径大的纳米线，顶部是直径小的纳米线，沿纳米线轴线的直径逐渐由 600nm 减小到 200nm，长度可以达到 10μm，相比 NH_3 流量为 400mL/min 的纳米线，直径变大，这种结构的 GaN 纳米线称为纳米铅笔。经过对比观察可以发现：在 NH_3 流量较小的情况下，可以

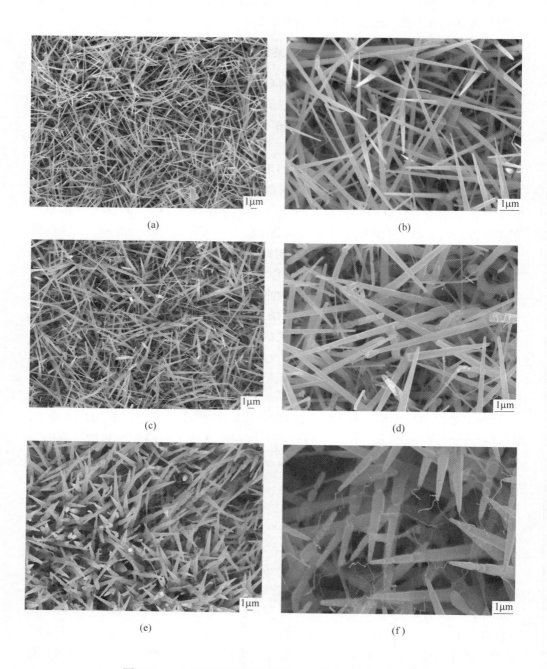

图 2-13　不同温度下制备铅笔形 GaN 纳米线扫描电镜图

(a)(b) 1050℃；(c)(d) 1100℃；(e)(f) 1150℃

图 2-14 不同 NH_3 流量下制备铅笔形 GaN 纳米线扫描电镜图

（a）（b） 300mL/min；（c）（d） 400mL/min；（e）（f） 500mL/min

制备针尖状 GaN 纳米线，在 NH₃ 流量较大的情况下，可以制备出铅笔状的 GaN 纳米结构；在不同的 NH₃ 流量下可以制备出不同形貌的纳米结构，可以为做不同结构的器件提供不同形貌的 GaN 纳米线；3 种 NH₃ 流量下制备 GaN 纳米结构顶端都有催化剂颗粒，说明 GaN 纳米结构的制备遵循 VLS 机制。

为了研究氨化时间对铅笔形 GaN 纳米线的影响，在不同的氨化时间下，同时保持其他条件不变，做了 3 组实验。按照第 2.4.1 节的实验步骤，至 1150℃，然后通入流量为 500mL/min 的 NH₃ 分别保持 10min、15min、20min，制得不同形貌的 GaN 纳米线并对其进行了表征。

图 2-15 为不同氨化时间下制备 GaN 纳米结构的 SEM 图。从图 2-15 （a）和（b）可以看出当氨化时间为 10min 时，GaN 纳米线为针尖状，纳米线粗细不均匀，长度约为 3μm。从图 2-15 （c）和（d）可以看出当氨化时间 15min 时，GaN 纳米线也为针尖状，纳米线沿生长方向逐渐变细，直径为 100~400nm，长度约为 5μm。从图 2-15 （e）和（f）可以看出氨化时间为 20min 时，GaN 纳米结构包括两个部分，底部是直径大的纳米线，顶部是直径小的纳米线，沿纳米线轴线的直径逐渐由 600nm 减小到 200nm，长度可以达到 10μm，称这种结构的 GaN 纳米线为纳米铅笔。经过对比观察可以发现：随着氨化时间的变长，GaN 纳米线的直径逐渐变大，长度逐渐变长；在氨化时间为 10min 和 15min 时可制备出针尖状 GaN 纳米线，在氨化时间为 20min 时可以制备出铅笔形 GaN 纳米线。

2.4.3　铅笔形 GaN 纳米线 XRD 表征

图 2-16 是生长温度为 1150℃，氨化时间为 20min，NH₃ 流量为 500mL/min 制得的样品的 XRD 图谱。衍射峰(100)(002)(101)(102)(110)(103)和（112）与六方纤锌矿结构 GaN 的标准卡片一致，晶格常数 $a = 0.318nm$，$c = 0.518nm$。由图 2-16 可以看出，位于 $2\theta = 34.5°$ 处的 （002）衍射峰较强，表明所制备的 GaN 纳米线是沿 [001] 晶向生长，制备的铅笔形 GaN 纳米线为单晶纳米结构。而所得衍射谱中没有出现 Ga_2O_3 的峰，说明 Ga_2O_3 和 NH₃ 发生了充分反应，所制备的样品具有较高的纯度。

2.4.4　铅笔形 GaN 纳米线 SEM 表征

图 2-17 是生长温度为 1150℃，氨化时间为 20min，NH₃ 流量为 500mL/min 制得的样品的 SEM 图。从图 2-17 （a）中可以看出，GaN 纳米线与衬底有一定角度，其直径沿轴线方向从 600~200nm 逐渐递减，GaN 纳米线的长度可以达到十几微米，并且纳米线具有尖端结构。从图 2-17 （b）可以看出，合成的铅笔形

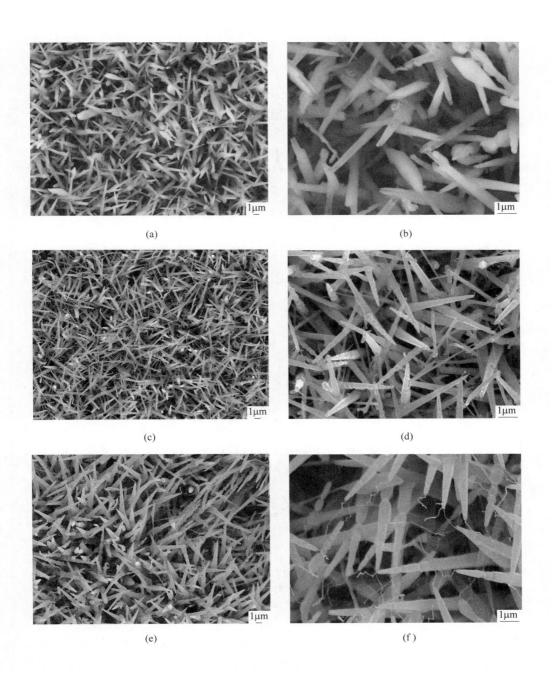

图 2-15 不同氨化时间下制备铅笔形 GaN 纳米线扫描电镜图

（a）（b）10min；（c）（d）15min；（e）（f）20min

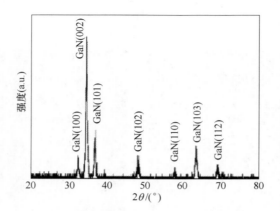

图 2-16   铅笔形 GaN 纳米线 X 射线衍射图

(a)　　　　　　　　　　　　　　　　　　(b)

图 2-17   铅笔形 GaN 纳米线扫描电镜图

（a）低倍 SEM 图；（b）高倍 SEM 图

GaN 纳米线由两部分组成：底部直径较大的纳米线和顶端直径较小的纳米线。铅笔形 GaN 纳米线的顶端有 Pt 催化剂颗粒，表明铅笔形 GaN 纳米线的生长遵循 VLS 机制。

2.4.5   铅笔形 GaN 纳米线生长机理分析

图 2-18 为铅笔形 GaN 纳米线的生长机制图，在 VLS 生长机制中，形成纳米线的直径是由横向和轴向生长率的比例决定的，高比例导致了纳米线直径增长较快，生成大直径的纳米线，相反地，低比例导致了纳米线的直径增长较慢，生成小直径的纳米线[29]。铅笔形 GaN 纳米线的生长可以通过以下两步来解释：第一步主要是形成底部直径较大的 GaN 纳米线，第二步主要是形成顶部直径较小的

GaN 纳米线。当生长温度增加到 1150℃，Pt 纳米粒子熔化成液滴，与此同时，通入 NH_3，并分解成 N_2 和 H_2。然后，Ga_2O_3 分解为 Ga 和 Ga_2O，Pt 液滴开始吸收 N 原子和 Ga 原子，20min 后直径较大的 GaN 纳米线被合成，此时，停止通入 NH_3，在水平的 CVD 管式炉中，当温度从 1150℃ 降低到 1100℃ 时，剩余的 NH_3 和 Ga_2O_3 反应合成直径小的 GaN 纳米线，最后，铅笔形 GaN 纳米线被合成。在合成的过程中，基于结构的演变，铅笔形 GaN 纳米线的生长可以归因于 VLS 机制。

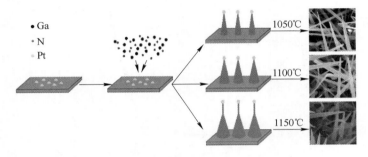

图 2-18　铅笔形 GaN 纳米线的生长机制图

2.5　铅笔形 GaN 纳米线场发射性能分析

由式（2-2）看出，$\ln(J/E^2)$ 和 $1/E$ 呈线性关系，其斜率反映出材料功函数 φ、场增强因子 β 和常数 B 之间的关系，对于固定材料，功函数是一定的，场增强因子不同会导致 F-N 曲线出现不同的斜率；其截距反映出功函数 φ、场增强因子 β 和常数 A 之间的关系。通常场发射外加电场 E 和发射电流密度 J 遵循 F-N 关系，因此 F-N 方程成为判断电子发射是否属于场致发射的有力手段。此处对测试数据进行处理，以电场强度 E 为横坐标，电流密度 J 为纵坐标，绘制出 J-E 曲线；以 $1/E$ 为横坐标，以 $\ln(J/E^2)$ 为纵坐标绘制出 F-N 曲线。通过场发射测试系统对样品进行场发射性能测试，测试时，样品作为发射电子的阴极（测试过程中保持阴极探针与样品衬底紧密接触），接收电子的阳极使用 ITO 导电玻璃，阴极和阳极之间用厚度为 200μm 的聚四氟乙烯绝缘材料隔开。测试过程中的真空度为 $3×10^{-4}$Pa。

图 2-19 是生长温度为 1150℃，氨化时间为 20min，NH_3 流量为 500mL/min 制得的铅笔形 GaN 纳米线的 J-E 曲线和 F-N 曲线。场发射电流密度为 0.01mA/cm^2 时所加的电场为开启电场，发射电流密度为 1mA/cm^2 时所加的电场为阈值电场，从图 2-19（a）可以看出，样品的开启电场为 3.5V/μm，阈值电场为 6.8V/μm。从图

2-19（b）可以看出，F-N 曲线近似呈线性，这表明是由真空隧道效应引起的。对 F-N 曲线进行拟合，计算得铅笔形 GaN 纳米线场增强因子为 1012。铅笔形 GaN 纳米线的开启电场（3.5V/μm）低于普通 GaN 纳米线的开启电场（9.1V/μm）[11]，铅笔形 GaN 纳米线的场增强因子（1012）大于普通 GaN 纳米线的场增强因子（730），说明铅笔形 GaN 纳米线的场发射性能优于普通 GaN 纳米线。

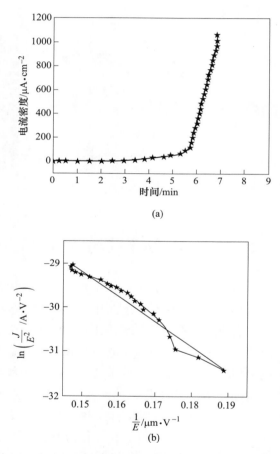

图 2-19　铅笔形 GaN 纳米线的 J-E 曲线（a）和 F-N 曲线（b）

图 2-20 是在电场为 5.4V/μm 时铅笔形 GaN 纳米线的场发射稳定性测试图，测试时间为 60min。初始电流密度和平均电流密度分别为 80.34μA/cm² 和 82.37μA/cm²。没有显著地观察到电流密度的波动，发射电流密度波动低至 2.5%，由此证明了铅笔形 GaN 纳米线作为场发射体具有高的稳定性。这一结果是由于：（1）铅笔形 GaN 纳米线顶端的尖端有利于电子发射；（2）铅笔形 GaN 纳米线因独特的形貌

而具有大的表面积，大的表面积可以有效地分散一些热量。因此，当铅笔形 GaN 纳米线经受高温加热时，没有被损坏。说明铅笔形 GaN 纳米线可以用于场发射电子源，场发射显示器和真空纳米电子器件等领域。

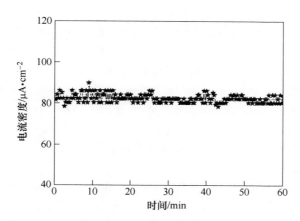

图 2-20　铅笔形 GaN 纳米线的场发射电流稳定性测试图

本章用 CVD 法在 Pt/Si(111) 衬底上合成了特殊形貌的 GaN 纳米线，并研究了它们的场发射性能。得出的主要结论如下：

（1）SEM 图表明塔形 GaN 纳米线几何结构是层状结构，横截面为六边形。XRD 图表明塔形 GaN 纳米线为六方纤锌矿单晶结构。HRTEM 图表明 GaN 纳米线是沿 [001] 晶向择优生长的。塔形 GaN 纳米线遵循 VLS 生长机理。室温下测得的光致发光谱在 375nm 有一个发光峰，表明塔形 GaN 纳米线在纳米发光器件中具有潜在的应用。场发射测试表明，塔形 GaN 纳米线的开启电场和场发射增强因子分别为 4.39V/μm 和 2087。在 60min 内，GaN 纳米线场发射电流密度的波动范围低至 4.4%，证明塔形 GaN 纳米线具有较高的稳定性。

（2）SEM 图表明铅笔形 GaN 纳米线的直径沿生长轴向从 600nm 逐渐减小到 200nm，长度达到十几微米。XRD 表明铅笔形 GaN 纳米线为六方纤锌矿单晶结构。铅笔形 GaN 纳米线的生长机制是 VLS 机制。场发射测试表明，铅笔形 GaN 纳米线具有较低的开启电场为 3.5V/μm 和高的场发射电流稳定性（在 60min 内的波动低至 2.5%）。

（3）塔形 GaN 纳米线和铅笔形 GaN 纳米线的开启电场均低于普通 GaN 纳米线，即本章制备的塔形和铅笔形 GaN 纳米线由于具有特殊形貌而使得场发射性能得到增强。塔形 GaN 纳米线和铅笔形 GaN 纳米线可以用于场发射电子源、场发射显示器和真空纳米电子器件等领域。

参 考 文 献

[1] GHULAM N, CHUANBAO C, WAHEED S, et al. Synthesis, characterization, photoluminescence and field emission properties of novel durian-like gallium nitride microstructures [J]. Mater. Chem. Phys., 2012, 133: 793-798.

[2] GHULAM N, CHUANBAO C, WAHEED S, et al. Synthesis, characterization, growth mechanism, photoluminescence and field emission properties of novel dandelion-like gallium nitride [J]. Appl. Surf. Sci., 2011, 257: 10289-10293.

[3] FU N, LI E, CUI Z, et al. The electronic properties of phosphorus-doped GaN nanowires from first-principle calculations [J]. J. Alloy. Compd., 2014, 596: 92-97.

[4] 王婷. GaN、InN 纳米材料的制备与性能研究 [D]. 广州: 华南理工大学, 2019.

[5] 邢志伟. 基于电化学反应的 GaN 基纳米材料与器件研究 [D]. 合肥: 中国科学技术大学, 2021.

[6] FAN S, FRANKLIN M G, TOMBLER T W, et al. Self-oriented regular arrays of carbon nanotubes and their field emission properties [J]. Science, 1999, 283: 512.

[7] KIM T Y, LEE S H, MO Y H, et al. Growth of GaN nanowires on Si substrate using Ni catalyst in vertical chemical vapor deposition reactor [J]. J. Cryst. Growth., 2003, 257: 97-103.

[8] LUO L Q, YU K E, ZHU Z Q, et al. Field emission from GaN nanobelts with herringbone morphology [J]. Mater. Lett., 2004, 58: 2893.

[9] 刘冠江. 低维纳米材料场发射阵列的制备及性能研究 [D]. 郑州: 郑州大学, 2021.

[10] BYEONGCHUL H, SUNG S H, JUNG C H, et al. Optical and field emission properties of thin single-crystalline GaN nanowires [J]. J. Phys. Chem. B., 2005, 109: 11095-11099.

[11] LIU B D, BANDO Y, TANG C C, et al. Needlelike bicrystalline GaN nanowires with excellent field emission properties [J]. J. Phys. Chem. B, 2005, 109: 17082-17085.

[12] LIU B D, BANDO Y, TANG C C, et al. Excellent field-emission properties of P-doped GaN nanowires [J]. J. Phys. Chem. B, 2005, 109: 21521-21524.

[13] JANG W S, KIM S Y, LEE J Y, et al. Triangular GaN-BN core-shell nanocables: Synthesis and field emission [J]. Chem. Phys. Lett., 2006, 422: 41-45.

[14] NG D K T, HONG M H, TAN L S, et al. Field emission enhancement from patterned gallium nitride nanowires [J]. Nanotechnology, 2007, 18: 375707.

[15] DINH D V, KANG S M, YANG J H, et al. Synthesis and field emission properties of triangular-shaped GaN nanowires on Si (100) substrates [J]. J. Cryst. Growth., 2009: 495-499.

[16] FU L T, CHEN Z G, WANG D W, et al. Wurtzite P-doped GaN triangular microtubes as field emitters [J]. J. Phys. Chem. C., 2010, 114: 9627.

[17] LI E L, CUI Z, DAI Y B, et al. Synthesis and field emission properties of GaN nanowires [J]. Appl. Surf. Sci., 2011, 257: 10850-10854.

[18] CHOI Y, MICHAN M, JASON L J, et al. Field-emission properties of individual GaN nanowires grown by chemical vapor deposition [J]. J. Appl. Phys. , 2012, 111 (4)：044308.

[19] NABI G, CAO C B, KHAN W S. Preparation of grass-like GaN nanostructures：Its PL and excellent field emission properties [J]. Mater. Lett. , 2011, 66：50-53.

[20] TSAI T Y, CHANG S J, WENG W Y. GaN nanowire field emitters with the adsorption of Au nanoparticles [J]. IEEE. Electr. Device. L. , 2013, 34 (4)：553-555.

[21] WANG Y Q, WANG R Z, LI Y J. From powder to nanowire：a simple and environmentally friendly strategy for optical and electrical GaN nanowire films [J]. Cryst. Eng. Comm. , 2013, 15 (8)：1626-1634.

[22] CUI Z, LI E L, SHI W, et al. Optical and field emission properties of tower-like GaN nanowire [J]. Mater. Res. Bull. , 2014, 56：80-85.

[23] YOSHIDA H, URUSHIDO T, MIYAKE H, et al. Formation of GaN self-organized nanotips by reactive ion etching [J]. Jpn. J. Appl. Phys. part 2：Lett. , 2001, 40：1301-1304.

[24] NG D K T, HONG M H, TAN L S, et al. Field emission enhancement from patterned gallium nitride nanowires [J], Nanotechnol. , 2007, 18：1-5.

[25] CHEN C C, YEH C C, CHEN C H, et al. Catalytic growth and characterization of gallium nitride nanowires [J]. J. Am. Chem. Soc. , 2001, 123：2791-2798.

[26] LI E L, ZHAO T, ZHAO D N, et al. Study of the synthesis and field emission properties of one-dimensional GaN nanostructures [J]. Surf. Rev. Lett. , 2012, 19：1250011.

[27] XIANG X, ZHU H. One-dimensional gallium nitride micro/nanostructures synthesized by a space-confined growth technique [J]. Appl. Phys. A. Mater. Sci. Process. , 2007, 87：651-659.

[28] FU L T, CHEN Z G, WANG D W, et al. Wurtzite P-doped GaN triangular microtubes as field emitters [J]. J. Phys. Chem. C. , 2010, 114：9627-9633.

[29] HAO Y, MENG G, WANG Z L, et al. Periodically twinned nanowires and polytypic nanobelts of ZnS：The role of mass diffusion in Vapor-Liquid-Solid growth [J]. Nano. Lett. , 2006, 6：1650-1655.

3 三维分支结构 GaN 纳米线的制备及性能

3.1 引　　言

当前场发射平板显示技术已经有了长足的发展，但大规模应用还有不少待解决的问题，其中一个就是要找到一种有良好场发射性能的阴极材料，而现有相关材料在性能、制备和加工工艺上又存在很多需要解决的问题。因此，近年来对场发射阴极材料方面的研究成为微电子材料研究领域的热点问题。GaN 是一种典型的Ⅲ-Ⅴ族直接宽禁带半导体材料，由于其化学物理性能稳定、热导率高、载流子迁移率高，被广泛应用于制作蓝绿发光二极管、激光二极管及功率器件。GaN 材料的电子亲和势为 2.7~3.3eV，可应用于场发射材料。近几年，GaN 纳米结构成为热点，各种形貌的 GaN 纳米结构已经被合成[1-20]，这些具有特殊形貌的纳米结构因其较大的场增强因子而具有良好的场发射性能。在本章介绍在覆有 Pt 纳米颗粒的 n 型 Si(111) 衬底上，用 CVD 法分两步制备三维分支结构 GaN 纳米线。所制备的样品通过 X 射线衍射、场发射扫描电子显微镜、透射电子显微镜图的方式进行表征。此外，本章分析了三维分支结构 GaN 纳米线的生长机理，对 GaN 纳米材料进行场发射性能测试。

气相-模板合成法、VLS 合成法、氧化辅助合成法等技术先后应用于制备高质量 GaN 纳米线。其中，VLS 合成法是一种非常通用的，并且一直以来备受众多研究者关注的方法，其合成机理可以解释为：高温下，气态反应物不断溶解进液态的纳米液滴当中，当液滴达到饱和状态时，在其表面就会析出纳米晶核，这样，产物就会沿着纳米晶核中表面能最小的晶面生长，在催化剂液滴的引导束缚下，形成一维纳米材料。比较有代表性的气-液-固合成法有激光辅助催化法、催化剂存在下的 CVD 法及自催化气-液-固合成法。

3.2　三维分支结构 GaN 纳米线的制备

与第 2 章一样，本章实验也采用单晶硅片（Si）做衬底来制备 GaN 纳米线薄膜。实验中采用单晶 Si 片作为衬底，采用 Pt 纳米颗粒作为催化剂，使用 CVD

法，基于 VLS 生长机制制备三维分支结构 GaN 纳米线。

本章中用 CVD 法分两步合成三维分支结构 GaN 纳米线。实验过程中除了主要的反应装置管式炉外，还使用到的仪器有：NH_3 减压阀、氩气减压阀、N_2 减压阀（控制气体压强）、NH_3 流量计、氩气流量计、N_2 流量计（控制气体流量）、电子天平（称 Ga_2O_3 和碳粉末质量）、超声波清洗器（清洗硅衬底和石英舟）及马弗炉（干燥衬底和石英舟）。使用到的药品有：Ga_2O_3（99.999%）、NH_3（99.99%），以及浓硝酸、浓盐酸、浓硫酸、浓氨水、酒精、氢氟酸、双氧水、去离子水等。

三维分支结构 GaN 纳米线制备前的准备工作同第 2.2.1 节塔形 GaN 纳米线制备前的准备工作，然后以 NH_3 和 Ga_2O_3 作为 N 源和 Ga 源，在 Pt/Si(111) 衬底上分两步合成三维分支 GaN 纳米线。第一步：将 Ga_2O_3 粉末置于石英舟中，Si 基片衬底放置于距离源材料 2cm 处；然后将石英舟放入区域控温管式炉的石英管内，通入流量为 300mL/min 的 N_2 20min 排空气，确保管内为无氧环境；接着以 10℃/min 的升温速度升至 1050℃，然后通入流量为 200mL/min 的 NH_3 保持 20min；反应后自然降温，将样品取出。第二步：在第一步的基础上，在已经生长出 GaN 材料的样品上继续溅射 15nm 厚度的 Pt 薄膜，把生长有 GaN 材料并第二次溅射 Pt 薄膜的 Si 基片衬底放置于距离源材料 2cm 处；然后将石英舟放入区域控温管式炉的石英管内，通入流量为 300mL/min 的 N_2 20min 排空气，确保管内为无氧环境；接着以 10℃/min 的升温速度升至 1050℃，然后通入流量为 300mL/min 的 NH_3 保持 10min；反应完成后自然降温至室温，从衬底上获得淡黄色产物。

用 X 射线衍射、扫描电镜、透射电镜和高分辨透射电子显微镜对样品的晶体结构和形貌进行了表征。通过场发射测试系统对样品进行场发射性能测试。

3.3　三维分支结构 GaN 纳米线表征

3.3.1　三维分支结构 GaN 纳米线 XRD 表征

图 3-1 为三维分支结构 GaN 纳米线 X 射线衍射图谱。衍射峰（100）（002）（101）（102）和（110）与六方纤锌矿结构 GaN 的标准卡片一致，晶格常数 $a=0.319nm$，$c=0.519nm$，说明三维分支结构 GaN 纳米线为六方纤锌矿单晶 GaN 纳米线。而所得衍射谱中没有出现 Ga_2O_3 的峰，说明 Ga_2O_3 和 NH_3 发生了充分反应，所制备的样品具有较高的纯度。

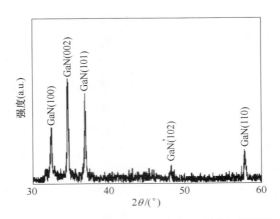

图 3-1 三维分支结构 GaN 纳米线 X 射线衍射图谱

3.3.2 三维分支结构 GaN 纳米线 SEM 表征

图 3-2 为三维分支结构 GaN 纳米线的场发射扫描电子显微镜图。图 3-2（a）为第一步生长的一维 GaN 纳米线，可以看出纳米线均匀分布在 Si 衬底上，直径约为 200nm，第二步制备三维分支结构 GaN 纳米线就在第一步生长好一维 GaN 纳米线的衬底上进行。图 3-2（b）为三维分支结构 GaN 纳米线的低倍扫描电镜图，可以看出原本单根的纳米线表面又生长出一些分支纳米线，这些纳米线以第一步生长的 GaN 纳米线为轴。图 3-2（c）为三维分支结构 GaN 纳米线的高倍扫描电镜图，可以看出三维分支 GaN 纳米结构宽度大约为 1μm，均匀分布在 Si(111) 衬底上。图 3-2（d）为三维分支结构 GaN 纳米线的俯视图，可以看出中轴纳米线直径约为 200nm，分支 GaN 纳米线直径约为 70nm，长度约为 500nm，共有 6 个分支结构，分支结构之间的夹角约为 60°。从分支结构顶端可以看出有催化剂颗粒，说明三维分支结构 GaN 纳米线的合成遵循 VLS 机制。

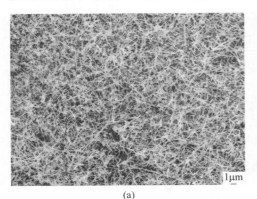

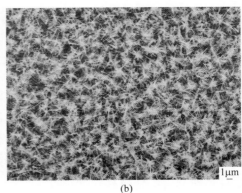

(a)

(b)

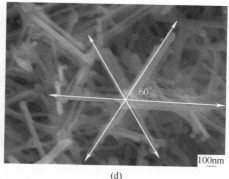

(c)   (d)

图 3-2　三维分支结构 GaN 纳米线的场发射扫描电子显微镜图

（a）第一步生长一维 GaN 纳米线扫描电镜；（b）第二步生长三维分支 GaN 纳米线低倍扫描电镜图；
（c）第二步生长三维分支 GaN 纳米线高倍扫描电镜图；（d）第二步生长单根三维分支 GaN 纳米线俯视图

3.3.3　三维分支结构 GaN 纳米线 TEM 表征

图 3-3 所示三维分支结构 GaN 纳米线的透射电子显微镜图。从图 3-3（a）中可以清晰的看出三维分支结构 GaN 纳米线以中间那条纳米线为轴，在轴的旁边长出分支结构的 GaN 纳米线。纳米线的顶端具有催化剂颗粒，说明纳米线的生长机理为 VLS 机理。从图 3-3（b）中可以看出，纳米线的表面还具有一些催化剂颗粒，这些催化剂颗粒有利于纳米线分支结构的再次生长。图 3-3（c）和图 3-3（d）是图 3-3（b）中放大的高分辨透射电子显微镜图像，从图中可以看出晶面间距为 0.258nm，对应六方纤锌矿 GaN 的（002）晶面，与六方纤锌矿 GaN（002）晶面相一致，分支结构生长的纳米线与中轴纳米线的生长方向垂直。因此可以得出结论：中轴 GaN 纳米线的生长是沿 [001] 方向的。

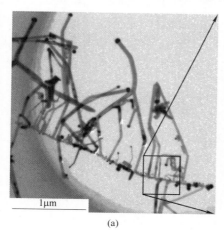
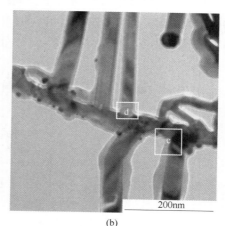

(a)   (b)

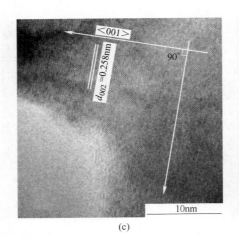
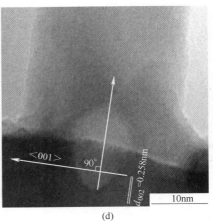

(c)　　　　　　　　　　　　　(d)

图 3-3　三维分支结构 GaN 纳米线透射电镜图

（a）TEM 图；（b）HRTEM 图；（c）图（b）中 c 点的 HRTEM 图；

（d）图（b）中 d 点的 HRTEM 图

3.4　三维分支结构 GaN 纳米线生长机理分析

三维分支结构 GaN 纳米线主要分两步生长。第一步：在 Si 衬底上生长一维 GaN 纳米线，在已经生长的一维 GaN 纳米线上溅射一层 Pt 薄膜。第二步：在溅射好铂金的一维 GaN 纳米线上，继续以 Ga_2O_3 和 NH_3 为 Ga 源和 N 源生长分支结构的 GaN 纳米线。之所以能生长分支结构的 GaN 纳米线是由于一维纳米线上的铂金作为催化剂，有利于第二次生长分支结构的 GaN 纳米线。由图 3-3（c）和（d）可知，一维 GaN 纳米线生长的晶向沿［001］，分支结构的 GaN 纳米线与轴向生长的 GaN 纳米线生长晶向垂直，图 3-2（d）可以得出 6 个分支结构之间的夹角为 60°，如图 3-4 所示[21]，分析得出 6 个分支结构的晶向分别为

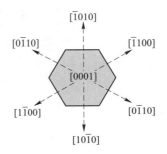

图 3-4　三维分支结构 GaN 纳米线沿不同晶向生长模型图

$[\bar{1}010]$ $[\bar{1}100]$ $[01\bar{1}0]$ $[10\bar{1}0]$ $[1\bar{1}00]$ $[0\bar{1}10]$。因此，可以得出结论三维分支结构 GaN 纳米线的生长遵循 VLS 机理。

3.5　三维分支结构 GaN 纳米线性能测试

3.5.1　三维分支结构 GaN 纳米线光致发光谱分析

图 3-5 为三维分支结构 GaN 纳米线的光致发光谱。从图上可以看到，三维分支结构 GaN 纳米线在 379nm（3.27eV）处有一个紫外发射峰，这主要归因于近带边发射。与文献中报道的 365nm（3.39eV）[22-23]处的发光峰相比发生了 14nm 的红移。这种轻微红移可能是激光激发加热所致[24]。GaN 纳米线的直径比 GaN 激子（11nm）的玻尔半径大[25]，这超过了量子限制效应的范畴，因此没有发生蓝移。此外，样品在 418nm 和 441nm 处出现了发光峰，这两个发光峰位于蓝光发光区，主要归因于 N 空位、深能级和缺陷能级[15-17]。所有这些性质表明三维分支结构 GaN 纳米线在纳米发光器件中具有潜在的应用。

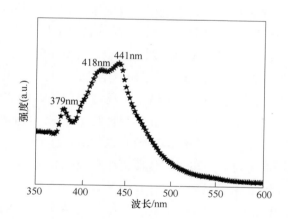

图 3-5　三维分支结构 GaN 纳米线的光致发光谱

3.5.2　三维分支结构 GaN 纳米线场发射性能分析

在第 1 章中曾介绍过场发射电流方程为：

$$J = \frac{A\beta^2 E^2}{\varphi} \exp\left(-\frac{B\varphi^{\frac{3}{2}}}{\beta E}\right)$$

(3-1)

对式 (3-1) 做移项变形后得到下面的 F-N 方程：

$$\ln \frac{J}{E^2} = \frac{-B\varphi^{\frac{3}{2}}}{\beta} \cdot \frac{1}{E} - \ln \frac{\varphi}{A\beta^2} \tag{3-2}$$

由式 (3-2) 看出，$\ln(J/E^2)$ 和 $1/E$ 呈线性关系，其斜率反映出材料功函数 φ、场增强因子 β 和常数 B 之间的关系，对于固定材料，功函数是一定的，场增强因子不同会导致 F-N 曲线出现不同的斜率；其截距反映出功函数 φ、场增强因子 β 和常数 A 之间的关系。通常场发射外加电场 E 和发射电流密度 J 遵循 F-N 关系，因此 F-N 方程成为判断电子发射是否属于场致发射的有力手段。对测试数据进行处理，以电场强度 E 为横坐标，电流密度 J 为纵坐标，绘制出 J-E 曲线；以 $1/E$ 为横坐标，以 $\ln(J/E^2)$ 为纵坐标绘制出 F-N 曲线。通过场发射测试系统对样品进行场发射性能测试，测试时，样品作为发射电子的阴极（测试过程中保持阴极探针与样品衬底紧密接触），接收电子的阳极使用 ITO 导电玻璃，阴极和阳极之间用厚度为 200μm 的聚四氟乙烯绝缘材料隔开。测试过程中的真空度为 $3×10^{-4}$Pa。

图 3-6 为三维分支结构 GaN 纳米线的 J-E 曲线和 F-N 曲线。场发射电流密度为 0.01mA/cm² 时所加的电场为开启电场，发射电流密度为 1mA/cm² 时所加的电场为阈值电场，从图 3-6 (a) 可以看出，样品的开启电场为 2.35V/μm，阈值电场为 5.33V/μm，最大电流密度达到 1787mA/cm²。图 3-6 (b) 为样品的 F-N 曲线，可以看出曲线近似呈线性，这表明是由真空隧道效应引起的。对 F-N 曲线进行拟合，计算得出三维分支结构 GaN 纳米线场增强因子 β 为 2938。三维分支结构 GaN 纳米线的开启电场（2.35V/μm）远低于普通 GaN 纳米线的开启电场（9.1V/μm）[13]，三维分支结构 GaN 纳米线的场增强因子（2938）远大于普通 GaN 纳米线的场增强因子（730），说明三维分支结构 GaN 纳米线的场发射性能远优于普通 GaN 纳米线。

图 3-7 是在电场强度为 3.9V/μm 时，三维分支结构 GaN 纳米线的场发射稳定性测试图，测试时间为 60min。初始电流密度和平均电流密度分别为 106.7mA/cm² 和 100.6mA/cm⁻²。没有显著地观察到电流密度的降低，发射电流密度只降低了 5.7%，证明了三维分支结构 GaN 纳米线作为场发射体具有高的稳定性。三维分支结构 GaN 纳米线具有较好场发射的原因归结于以下两点：(1) 三维分支结构 GaN 纳米线的空间立体结构具有较大的场增强因子；(2) 三维分支结构 GaN 纳米线的分支结构为电子发射提供了更多的发射源。说明三维分支结构 GaN 纳米线可以适用于平板显示器及设计复杂纳米器件。

本章用 CVD 法在 Pt/Si(111) 衬底上制备了三维分支结构 GaN 纳米线，并研

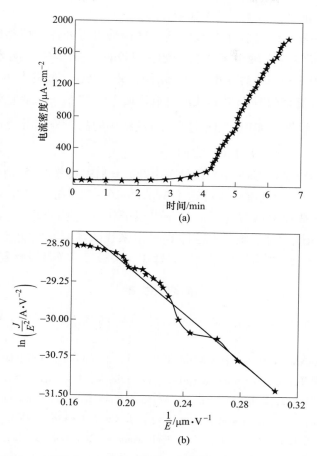

图 3-6 三维分支 GaN 纳米线的 *J-E* 曲线（a）和 F-N 曲线（b）

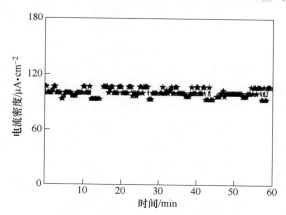

图 3-7 三维分支 GaN 纳米线的场发射电流稳定性测试图

究了其场发射性能。得出主要结论如下:

（1）三维分支结构 GaN 纳米线的晶体结构为六方纤锌矿单晶结构。三维分支结构 GaN 纳米线的中轴纳米线直径约为 200nm，分支 GaN 纳米线直径约为 70nm，长度约为 500nm，共有 6 个分支结构，分支结构之间的夹角约为 60°。

（2）三维分支结构 GaN 纳米线的合成遵循 VLS 机制。三维分支结构 GaN 纳米线的中轴纳米线沿 [001] 晶向生长，分支结构的晶向分别沿 $[\bar{1}010]$ $[\bar{1}100]$ $[01\bar{1}0]$ $[10\bar{1}0]$ $[1\bar{1}00]$ $[0\bar{1}10]$ 方向。

（3）三维分支结构 GaN 纳米线具有很低的开启电场（2.35V/μm）及高场增强因子（2938），最大电流密度可达 $1787\mu A/cm^2$，三维分支结构 GaN 纳米线的开启电场远低于普通 GaN 纳米线，场增强因子和可达到的最大电流密度远大于普通的 GaN 纳米线，即三维分支结构 GaN 纳米线的场发射性能远优于普通 GaN 纳米线。三维分支结构 GaN 纳米线可以适用于平板显示器及设计复杂纳米器件。

参 考 文 献

[1] 邢志伟. 基于电化学反应的 GaN 基纳米材料与器件研究 [D]. 合肥：中国科学技术大学，2021.

[2] FAN S, FRANKLIN M G, TOMBLER T W, et al. Self-oriented regular arrays of carbon nanotubes and their field emission properties [J]. Science, 1999, 283：512.

[3] KIM T Y, LEE S H, MO Y H, et al. Growth of GaN nanowires on Si substrate using Ni catalyst in vertical chemical vapor deposition reactor [J]. J. Cryst. Growth., 2003, 257：97-103.

[4] LUO L Q, YU K E, ZHU Z Q, et al. Field emission from GaN nanobelts with herringbone morphology [J]. Mater. Lett., 2004, 58：2893.

[5] 刘冠江. 低维纳米材料场发射阵列的制备及性能研究 [D]. 郑州：郑州大学，2021.

[6] BYEONGCHUL H, SUNG S H, JUNG C H, et al. Optical and field emission properties of thin single-crystalline GaN nanowires [J]. J. Phys. Chem. B., 2005, 109：11095-11099.

[7] LIU B D, BANDO Y, TANG C C, et al. Needlelike bicrystalline GaN nanowires with excellent field emission properties [J]. J. Phys. Chem. B, 2005, 109：17082-17085.

[8] LIU B D, BANDO Y, TANG C C, et al. Excellent field-emission properties of P-doped GaN nanowires [J]. J. Phys. Chem. B, 2005, 109：21521-21524.

[9] JANG W S, KIM S Y, LEE J Y, et al. Triangular GaN-BN core-shell nanocables：Synthesis and field emission [J]. Chem. Phys. Lett., 2006, 422：41-45.

[10] NG D K T, HONG M H, TAN L S, et al. Field emission enhancement from patterned gallium nitride nanowires [J]. Nanotechnology, 2007, 18：375707.

[11] DINH D V, KANG S M, YANG J H, et al. Synthesis and field emission properties of triangular-shaped GaN nanowires on Si(100) substrates [J]. J. Cryst. Growth., 2009：

495-499.

[12] FU L T, CHEN Z G, WANG D W, et al. Wurtzite P-doped GaN triangular microtubes as field emitters [J]. J. Phys. Chem. C. , 2010, 114: 9627.

[13] LI E L, CUI Z, DAI Y B, et al. Synthesis and field emission properties of GaN nanowires [J]. Appl. Surf. Sci. , 2011, 257: 10850-10854.

[14] CHOI Y, MICHAN M, JASON L J, et al. Field-emission properties of individual GaN nanowires grown by chemical vapor deposition [J]. J. Appl. Phys. , 2012, 111 (4): 044308.

[15] NABI G, CAO C B, KHAN W S. Preparation of grass-like GaN nanostructures: Its PL and excellent field emission properties [J]. Mater. Lett. , 2011, 66: 50-53.

[16] NABI G, CAO C B, KHAN W S. Synthesis, characterization, photoluminescence and field emission properties of novel durian-like gallium nitride microstructures [J]. Mater. Chem. Phys. , 2012, 133: 793-798.

[17] NABI G, CAO C B, KHAN W S. Synthesis, characterization, growth mechanism, photoluminescence and field emission properties of novel dandelion-like gallium nitride [J]. Appl. Surf. Sci. , 2011, 257: 10289-10293.

[18] TSAI T Y, CHANG S J, WENG W Y. GaN nanowire field emitters with the adsorption of Au nanoparticles [J]. IEEE. Electr. Device. L. , 2013, 34 (4): 553-555.

[19] WANG Y Q, WANG R Z, LI Y J. From powder to nanowire: a simple and environmentally friendly strategy for optical and electrical GaN nanowire films [J]. Cryst. Eng. Comm. , 2013, 15 (8): 1626-1634.

[20] CUI Z, LI E L, SHI W, et al. Optical and field emission properties of tower-like GaN nanowire [J]. Mater. Res. Bull. , 2014, 56: 80-85.

[21] GAO P, WANG Z. Self-assembled nanowire-nanoribbon junction arrays of ZnO [J]. J. Phys. Chem. B. , 2002, 106 (49): 12653-12658.

[22] NG D K T, HONG M H, TAN L S, et al. Field emission enhancement from patterned gallium nitride nanowires [J], Nanotechnol. , 2007, 18: 1-5.

[23] CHEN C C, YEH C C, CHEN C H, et al. Catalytic growth and characterization of gallium nitride nanowires [J]. J. Am. Chem. Soc. , 2001, 123: 2791-2798.

[24] LI E L, ZHAO T, ZHAO D N, et al. Study of the synthesis and field emission properties of one-dimensional GaN nanostructures [J]. Surf. Rev. Lett. , 2012, 19: 1250011.

[25] RIDLEY B K. Quantum Process in Semiconductors [M]. Oxford: Clarendon Press. , 1982.

4 Se 掺杂 GaN 纳米线的制备及性能

4.1 引　言

场发射阴极材料决定着场发射显示器的寿命和质量。目前场发射显示器还未能实现大规模的商业化应用，其主要原因在于没有开发出满足实际应用的场发射阴极材料。实际应用的阴极材料基本要求有：功函数小、易于开启且稳定可靠、材料经济实用及易于加工。近些年，一维 GaN 纳米结构在真空微电子领域中的潜在应用，越来越受到科技工作者的重视，许多课题组对 GaN 纳米结构的合成及特性进行了深入的研究。GaN 拥有高熔点、高热导率、高载流子迁移率和低的电子亲和势（2.7~3.3eV）。本章根据密度泛函理论研究 Se 掺杂 GaN 纳米线的电子结构和功函数，通过理论结合实验制备 Se 掺杂 GaN 纳米线，研究 Se 掺杂对 GaN 纳米线场发射性能的影响。

4.2　第一性原理研究 Se 掺杂 GaN 纳米线

第一性原理（first-principles），也称为从头计算（ab initio），是基于量子力学的基本理论。量子力学作为 20 世纪最伟大的发现之一，是整个现代物理学的基石。只需要采用 m_0、e、h、c、k_B 等几个基本物理量而不需要任何经验参数或者半经验参数就可以合理预测微观体系的状态及性质。第一性原理方法有经验方法或半经验方法无法比拟的优势，因为它只需要知道组成微观体系各元素的原子序数，而不需要任何其他可调参数，就可以计算出该微观体系的总能量、电子结构等物理性质。第一性原理方法的基本出发点是求解多粒子系统的薛定谔方程。多粒子之间存在着复杂的相互作用，只有采取合理的简化和近似处理，才能进行有效的计算。随着计算机技术的高速发展，以第一性原理计算为代表的计算材料科学，已经在材料设计、物性研究方面发挥着越来越重要的作用。

对材料进行微观描述，用多粒子体系的薛定谔方程作为理论基础，方程如下：

$$\hat{H}\psi = E\psi \tag{4-1}$$

理论上来讲，N 个波函数包括材料所有可能的信息通过严格方法求解薛定谔方程，就能得到体系所有的物理量。虽然可以通过量子力学对多粒子体系进行求解薛定谔方程，但是由于多粒子系统太复杂，很难求解方程，所以只有采取切合实际的近似和简化，才能快速有效地进行计算求解。若为初步近似，学者们引进了以下 3 个近似可以把问题简单化：

（1）波恩-奥本海默近似，也称为绝热近似。核心思想是假定电子与核进行相对独立的运动，将求解多原子多电子体系问题分为电子运动和原子核的运动两部分来考虑。采用绝热近似后就必须考虑电子间的相互作用，此时不可能直接求解薛定谔方程式，还必须进行一些简化和近似。

（2）Hartree-Fock 近似，也称单电子近似。核心思想是把体系中电子的运动当作是各个电子在其他电子平均的势能场作用下运动，假设多电子体系波函数可以表示成单电子波函数的行列式，而将多电子体系的薛定谔方程简化为单电子有效势方程。

（3）非相对论近似。非相对论近似是指求解的是非相对论薛定谔方程，考虑相对论效应和电子相关效应，从而得到体系的精确解。

基于以上 3 个近似，求解薛定谔方程的方法称为从头算方法。一般情况下，为了区分从头算法的其他方法，通常把基于密度泛函理论的从头算法称为第一性原理，其理论基础是密度泛函理论，完全基于量子力学中的从头算理论。

4.2.1 密度泛函理论

量子力学以波函数为基本量，用波函数描述体系中电子的运动状态，对单原子或分子体系，求解薛定谔方程可以得到精确的波函数，但是对于多电子体系求解薛定谔方程就是不可能的，因而需用近似求解的方法。密度泛函理论以电子密度代替波函数作为基本量，用电子密度来描述确定体系的性质。将体系的总能量定义成电荷密度的函数。体系总能量由 3 种能量组成：无相互作用粒子体系的动能、传统的库仑能和交换与相互关联能。减少了自由度，大大地降低了薛定谔方程求解的难度。为多电子体系的计算提供一个简单易行的方法。

密度泛函理论同样也是简化薛定谔方程的求解，为物理和化学中电子结构的计算提供了一种新的方法。密度泛函理论假设核处于静止时可以准确地计算原子、分子及固体基态的能量与电子的自旋密度、键角和键长等。密度泛函理论以电子密度代替波函数作为基本量，用电子密度来描述确定体系的性质，将体系的总能量定义成电荷密度的函数，为多电子体系的计算提供了一种简单易行的方法。随着计算机硬件和软件技术的发展，密度泛函理论计算方法已经被广泛地应用在凝聚态物理、化学和材料等学科领域。

　　密度泛函（DFT）理论计算的基础是 Kohn-Sham 方程，人们经过不懈努力，使用各种近似方法得到了许多比较实用的泛函形式，包括局域密度近似泛函（LDA）、广义梯度近似泛函（GGA）等。

4.2.1.1　Thomas-Fermi-Dirac 模型

　　1927 年，Thomas[1] 和 Fermi[2] 提出用电子密度 $\rho(r)$ 的泛函去描述电子系统的动能，并将原来有相互作用系统的动能表示为由任意一点电子密度构成的无相互作用的均匀电子气模型。但是，由 Thomas-Fermi 理论导出的方程中，没有考虑到电子交换相关作用带来的影响。后来，Dirac[3] 把交换相关作用项加进电子能量泛函中，得到了在外势中电子的能量泛函表达式，并通过变分原理得到了电子密度，从而求得电子总能。Thomas-Fermi-Dirac 理论模型的建立使得多电子系统问题变得更加简明。但是，将动能用均匀电子气模型来描述的时候，却没有考虑到电子密度梯度对动能的贡献。在实际应用中，由于电子密度的不均匀分布及原子本身的壳层结构，都会使得均匀电子气模型变得不合理，导致计算结果产生较大误差。Thomas-Fermi-Dirac 理论是一个过于简单的模型，对于原子、分子和固体性质的定量预测没有多大实际的重要性，因此很长时间不为人们所关注。

A　Hohenberg-Kohn 定理

　　定理 1： 多粒子系统所有基态性质都由（非简度）基态的电子密度分布 $n(r)$ 唯一决定[4]（或：对于非简并基态，粒子密度分布 $n(r)$ 是系统的基本变量）。

　　定理 2： 如果 $n(r)$ 是体系正确的密度分布，则 $E[n(r)]$ 是最低的能量，即体系的基态能量。

$$E_{\text{tot}}^{0} = E_{\text{tot}}[n^0] = T[n^0] + V[n^0] + U[n^0] \leqslant E_{\text{tot}}[n^0] \tag{4-2}$$

式中，n^0 为真实电子密度函数；T 为多电子系统的动能；V 为电子在外场中的能量；U 为电子与电子相互作用的能量。

B　Kohn-Sham 方程

　　Hohenberg-Kohn 方程中的动能泛函中包含了系统的相互作用项，如果能够找出一个无相互作用的，但是拥有与有相互作用系统同样的密度函数的动能泛函来代替它，就会使得计算更加简单。Kohn 和 Sham 便提出了这么一种无相互作用的多电子体系，通常情况下，电子密度可以表示为轨道形式[5]。

$$T_s[n] = -\frac{\hbar^2}{2m} \sum_i^N \int d^3 r \phi_i^*(r) \nabla^2 \phi_i(r) \tag{4-3}$$

按 Thoma-Fermi 模型的处理方法，可以将 U 写成 Hartree 项：

$$U[n] \approx U_H[n] = \frac{q^2}{2} \int d^3r \int d^3r' \frac{n(r)n(r')}{|r-r'|} \qquad (4-4)$$

因此，得到一个关于能量泛函的交换相关势：

$$E_{xc} = E_{tot} - T_s - V - U_H = (T - T_s) + (U - U_H) \qquad (4-5)$$

将能量泛函对 Kohn-Sham 轨道进行变分就得到了著名的 Kohn-Sham 方程：

$$\left[-\frac{1}{2}\nabla^2 + v_{ext}(r) + v_H(r) + v_{xc}(r) \right]\phi_i = \varepsilon_i\phi_i \qquad (4-6)$$

式中，$v_{ext}(r)$、$v_H(r)$、$v_{xc}(r)$ 分别为外势、Hartree 势和交换相关势。

4.2.1.2　交换相关势

在 Kohn-Sham 方程的框架下，多电子系统基态特性问题可以在形式上转化成为有效的单电子问题。此计算方案与 Hartree-Fock 近似相似，但是其解释比 Hartree-Fock 近似具有更简单、更严密等特点，前提是获得了准确并且便于表达的交换关联势能泛函 $E_{xc}[\rho]$，这种方法才具备了实际意义。对于交换相关能 $E_{xc}[\rho]$ 的形式，几种常用的交换相关能量的近似方法如下。

A　局域密度近似（LDA）

LDA 的基本想法就是，利用均匀电子气密度函数来得到非均匀电子气的交换关联能泛函。在 LDA 自洽从头算框架下用得最多的交换关联势是 Ceperler-Alder 交换关联势近似。它是由 Ceperley 和 Alder 用 Monte-Carlo 方法对均匀电子气计算而得出的结果，再由 Perdew 和 Zunger 对其进行参数化。

Kohn-Sham 方程和动能 $T_s[\rho]$ 表示出来后，为了建立交换相关能 $E_{xc}[\rho]$，后来 Kohn 和 Sham 提出局域密度近似：

$$E_{xc}^{LAD}[\rho] = \int \rho(r)\varepsilon_{xc}(\rho)dr \qquad (4-7)$$

式中，ε_{xc} 为密度为 ρ 的均匀电子气中每个粒子的交换相关能。相应的交换相关势如下：

$$V_{xc}^{LDA}(r) = \frac{\delta E_{xc}^{LDA}}{\delta\rho(r)} = \varepsilon_{xc}\left[\rho(r) + \rho(r)\frac{\partial\varepsilon_{xc}(\rho)}{\partial\rho}\right] \qquad (4-8)$$

即著名的 Kohn-Sham 的定域密度泛函方程。

密度泛函理论在 LDA 下，取得了很大的成功，例如晶格常数、结合能、晶体力学性质等都可以给出与实验值比较符合的结果。对大部分半导体和金属也可以给出与实验相符的较好的价带。对于分子键长、晶体结构可以准确到 1% 左右。但在计算过程中也遇到一些困难，特别是对金属的 d 带宽度及半导体的禁带宽度得到的结果与实验差较大，导带底能量的确定遇到严重的困难。而且对于与均匀电子气或空间缓慢变化的电子气相差较大的系统，LDA 不适用。这说明这个方法依然存在缺陷，有待于进一步地修正和发展。

B　广义梯度近似（GGA）

尽管人们通过 LDA 近似可以计算出很好的结果，但是在计算系统的过高原子结合能时，LDA 近似计算的结果会出现很大的误差，为了弥补这种缺陷，人们就在 LDA 近似的基础上改进并建立了广义梯度近似（GGA）：

$$E_{xc}[\rho] = \int \rho(r) \varepsilon_{xc}(\rho(r)) dr + E_{xc}^{GGA}(\rho(r), |\nabla\rho(r)|) \qquad (4-9)$$

随着理论的完善，人们研究出了多种 GGA 近似方法，最常用的两种近似方法是 Perdew-Wang（PW91）和 Perdew-Burke-Ernzerhof（PBE）。

C　轨道泛函与杂化泛函

密度泛函理论在 LDA 和 GGA 的发展基础上得到了广泛的应用。但是对于过渡金属氧化物和稀土元素及它们的化合物的一些特殊材料，LDA 和 GGA 未能给出一个准确的计算结果。为此，人们对它进行了最简单扩展，就是在原来的 LDA（GGA）能量泛函基础上加上一个 Hubbard 参数 U 与之对应，即 LDA（GGA）+U 方法。LDA（GGA）+U 方法可以成功地对一些强关联体系中的电子结构进行描述。

杂化泛函是把交换能表示为 Hartree-Fock 方法和密度泛函理论中交换能的线性组合，与密度泛函方法的交换相关能量泛函比较，其构造出来的交换相关能量泛函更加准确。随着计算技术的发展，杂化泛函理论逐渐被人们所重视并且应用到结构的周期计算中。

4.2.1.3　Materials Visualizer 及 VASP 简介

理论计算中所使用到的软件包是 Materials Visualizer 及 VASP[6]。Materials Visualizer 负责纳米线模型的构建，VASP 负责模型优化及性能的计算与分析。

Materials Visualizer 是 Materials Studio 产品系列的核心模块，提供了建模、分析和显示的工具，结合其清晰直观的图形用户界面而组成了一个高质量的模拟环境，用户可以在其中调用 Materials Studio 的其他产品，也可以运用建模和编辑工具，搭建自己的分子和材料模型。可以计算和显示重要的结构参数；可以显示计算的结果，如动画显示的动力学轨迹、图表数据和分子模型等；可以注释图画和图表中的模型，并制作高质量的硬拷贝输出。总之，Materials Visualizer 是解决各种研究问题的强大的计算工具和图形工具。

VASP 是 Vienna Ab-initio Simulation Package 的缩写，是由维也纳大学 Hafner 小组开发的进行电子结构计算和量子力学-分子动力学模拟的软件包，是在 CASTEP 1998 程序的基础之上开发出来的商用纳米材料模拟软件。VASP 软件基于密度泛函理论，用第一性原理的自洽方法，实现了局域密度近似（LDA）和广义梯度近似（GGA）的交换关联函数，以及相关的自旋极化计算，可以计算常见的分子体系、团簇结构和周期性结构的电子性能。VASP 软件实现了最速下降优化方法、准牛顿优化方法和自旋极化下的电子计算方法，所以可以进行不同的优化，解决相关的磁学和自旋输运问题。它既可以在密度泛函理论（DFT）框架内求解 Kohn-Sham 方程，也可以在 HF 近似下求解 Roothaan 方程。此外，VASP 也支持格林函数方法和微扰理论。其主要功能有：构型优化（可以得到材料结构参数）；能量计算；电子结构（能带结构、态密度及电荷密度分布）计算；力学、光学、磁学、性质计算；晶格动力学性质计算；表面体系模拟；从头分子动力学模拟及材料激发态的计算。本章主要用 VASP 来计算 GaN 纳米线的形成能、电子结构、功函数等。

4.2.2 计算模型和方法

GaN 晶体是六方纤锌矿结构，晶格参数 $a = 0.3189nm$、$c = 0.5185nm$、$c/a = 1.625$、$\alpha = 90°$、$\beta = \gamma = 120°$。GaN 纳米线的原始结构直径为 0.96nm，沿 [001] 方向生成 GaN 超晶胞。在纳米线侧面方向加 1nm 真空层，以确保邻近超晶包中纳米线之间没有相互作用。图 4-1 为所构建的 [001] 方向的 GaN 纳米线初始结构截面图。单个 N 原子和 Ga 原子分别有 3 种不等价的位置（Ga_A、Ga_B、Ga_C 或 N_A、N_B、N_C），因此对于单个 Se 原子掺杂的情况，可以有 6 种不同的结构存在，定义为模型（Ga_A）、模型（Ga_B）、模型（Ga_C）、模型（N_A）、模型（N_B）、模型（N_C）。通过计算得知，GaN 纳米线最外层的 Ga 原子最容易被 Se 原子取代，因此继续计算最外层 Ga 原子分别被两个和 3 个 Se 原子取代的情况，分别定义这些结构为模型（Ga_C，Ga_D）、模型（Ga_C，Ga_H）、模型（Ga_C，Ga_E）、模型（Ga_C，Ga_F）和模型（Ga_C，Ga_D，Ga_E）、模型（Ga_C，Ga_D，Ga_F）、模型（Ga_C，Ga_E，Ga_H）、模型（Ga_C，Ga_E，Ga_G）。

本章所涉及的 Se 掺杂 GaN 纳米线场发射性能计算都是用密度泛函理论的平

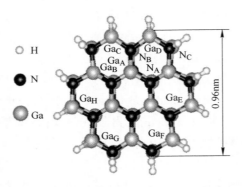

图 4-1　GaN 纳米线［001］方向结构截面图

面波基 VASP 软件包完成的。计算时，交换关联能用广义梯度近似（GGA）中的 PW91 泛函进行处理，平面波截断能设置为 400eV，布里渊区用 1×1×5 的 gamma 型 k 点网格。整个计算的自洽收敛精度设置为每原子 0.001eV，原子间相互作用力收敛精度设置为 0.0001eV/nm。

4.2.3　形成能

本章通过计算 Se 原子占据不同 N 原子和 Ga 原子位置的形成能来确定最稳定的掺杂位置。具体的形成能的计算公式如下[1]：

$$E_f = (E_{doping} - E_{pure}) - n(\mu_{Se} - \mu_X) \tag{4-10}$$

式中，E_{doping} 和 E_{pure} 分别为掺杂以后和掺杂以前 GaN 纳米线的总能；μ_{Se} 和 μ_X 分别为 Se 原子和被取代原子的化学势，是通过各个原子形成的最稳定单质的能量除以所含原子数目计算得到的；n 为杂质 Se 原子的个数。

所有 Se 掺杂 GaN 纳米线的形成能的计算结果列在表 4-1。从表 4-1 中可以看出，所有结构的形成能值都是正数，表明 Se 掺杂 GaN 纳米线的形成过程是一个吸热过程[2]。其次，比较单个 Se 原子替换 N 原子或者 Ga 原子位置以后的形成能，发现模型（Ga_C）结构的形成能比其他 5 种单个 Se 原子掺杂纳米线的形成能都低，说明 GaN 纳米线最外层的 Ga 原子是最容易被单个 Se 原子取代的，形成的结构也是最稳定的。因此，可以得出如下结论：GaN 纳米线最外层 Ga 原子的位置是 Se 原子的最稳定掺杂位置，之后关于两个和 3 个 Se 原子掺杂的 GaN 纳米线都是基于单个 Se 原子掺杂得出的最稳定掺杂位置而讨论的。关于两个和 3 个 Se 原子掺杂 GaN 纳米线的形成能计算结果也列于表 4-1，比较发现，对于两个 Se 原子掺杂的结构，模型（Ga_C，Ga_E）的形成能是 7.299eV，比其他两个 Se 原子掺杂的结构都低；同样，对于 3 个 Se 原子掺杂的结构，模型（Ga_C，Ga_D，Ga_E）

的形成能是 9.165eV，比其他三个 Se 原子掺杂的结构都低。因此，模型（Ga$_C$，Ga$_E$）和模型（Ga$_C$，Ga$_D$，Ga$_E$）分别是两个和 3 个 Se 原子掺杂的最稳定结构。分别计算未掺杂 GaN、模型（Ga$_C$）、模型（Ga$_C$，Ga$_E$）和模型（Ga$_C$，Ga$_D$，Ga$_E$）的晶格常数、能带结构、态密度和功函数。

表 4-1 未掺杂 GaN 和 Se 掺杂 GaN 纳米线的形成能、晶格参数和功函数

结构	E_{form}/eV	A	c/a	功函数
未掺杂	—	3.192	1.604	4.1eV
模型（Ga$_C$）	3.650	3.177	1.592	1.91eV
模型（Ga$_B$）	5.097	—	—	—
模型（Ga$_A$）	4.854	—	—	—
模型（N$_C$）	4.654	—	—	—
模型（N$_B$）	5.163	—	—	—
模型（N$_A$）	6.025	—	—	—
模型（Ga$_C$，Ga$_D$）	7.505	—	—	—
模型（Ga$_C$，Ga$_H$）	7.985	—	—	—
模型（Ga$_C$，Ga$_E$）	7.299	3.175	1.568	3.16eV
模型（Ga$_C$，Ga$_F$）	7.361	—	—	—
模型（Ga$_C$，Ga$_D$，Ga$_E$）	9.165	3.173	1.474	3.71eV
模型（Ga$_C$，Ga$_D$，Ga$_F$）	9.268	—	—	—
模型（Ga$_C$，Ga$_E$，Ga$_H$）	10.973	—	—	—
模型（Ga$_C$，Ga$_E$，Ga$_G$）	10.968	—	—	—

4.2.4 模型优化

　　未掺杂 GaN、模型（Ga_C）、模型（Ga_C，Ga_E）和模型（Ga_C，Ga_D，Ga_E）的晶格常数列于表 4-1 中。比较发现，模型（Ga_C），模型（Ga_C，Ga_E）和模型（Ga_C，Ga_D，Ga_E）的 c/a 均比未掺杂 GaN 纳米线的小，原因是 Se 原子的离子半径（0.050 nm）小于 Ga 原子的离子半径（0.062nm）。图 4-2 是未掺杂 GaN 纳米线及模型（Ga_C）、模型（Ga_C，Ga_E）和模型（Ga_C，Ga_D，Ga_E）3 种不同掺杂比例 GaN 纳米线结构优化后的截面图，Se 掺杂 GaN 纳米线的优化结构有微小的变形，是因为 Se 原子向外移动，Se 原子和 N 原子之间有相互作用。

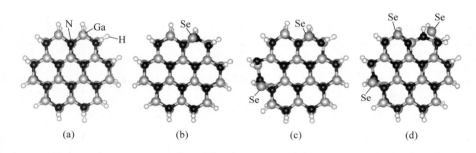

图 4-2　未掺杂 GaN 和 Se 掺杂 GaN 纳米线的优化结构图
（a）未掺杂；（b）单个 Se 原子；（c）两个 Se 原子；（d）3 个 Se 原子

4.2.5 能带结构

　　图 4-3 为以上 4 种结构的能带图和局域电荷密度分布图，以及模型（Ga_C）、模型（Ga_C，Ga_E）和模型（Ga_C，Ga_D，Ga_E）3 种结构费米能级附近（-1 ~ 1eV）的局域电荷分布情况，图中，费米能级选取 0 的位置。从能带图中发现，掺杂以后的 GaN 纳米线的导带和价带整体向低能区域移动，并且费米能级向导带方向移动，说明 Se 掺杂 GaN 纳米线呈现 n 型半导体[7]。局域电荷密度分布表明费米能级附近的杂质能级，是由 Se 原子与相邻的 N 原子杂化导致。未掺杂 GaN 纳米线带隙的计算值是 3.696eV，比 GaN 块体材料的带隙（3.4eV）大，分析认为是由纳米级材料的量子局限效应引起的[8]。而模型（Ga_C）和模型（Ga_C，Ga_E）纳米线的带隙分别为 3.193eV 和 3.083eV。显然，带隙依赖于掺杂浓度。对于模型（Ga_C，Ga_D，Ga_E）纳米线，价带和导带连在了一起，因此，3 个 Se 原子掺杂的 GaN 纳米线显示金属特性。

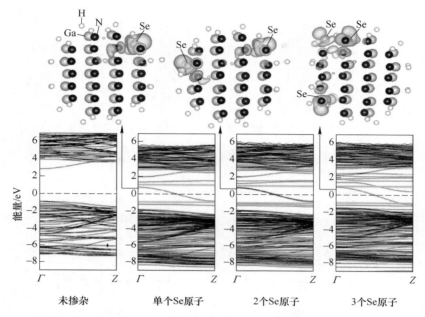

图 4-3　未掺杂 GaN 和 Se 掺杂 GaN 纳米线的能带图及 Se 掺杂 GaN
纳米线费米能级附近的局域电荷分布情况

4.2.6　态密度

图 4-4 为 4 种结构所对应的态密度图（TDOS）和分波态密度（PDOS），费米能级选取 0 的位置。随着 Se 原子的增加，Se 的 4p 电子态增加。PDOS 表明费米能级附近的施主能级主要是由 Se 的 4p 态和 N 的 2p 态构成，这与图 4-3 中的局域电荷密度分布相符合。因此，费米能级附近高局域电子态会为导带提供更多电子，从而增加导带电子浓度，增大发射电子密度，所以 Se 原子的引进会使 GaN 纳米线具有更好的场发射性能[9]。

4.2.7　功函数

侯柱锋[10] 已经报道 LDA 交换相关函数比 GGA 交换相关函数更适合计算功函数，因此，本章中使用 LDA 来计算功函数。功函数是通过计算真空能级与费米能级间的势能差得到的，这是单个电子从纳米线表面发射到真空中所需要的最小能量。功函数是衡量场发射性能好坏的重要参数[11-12]。图 4-5 为未掺杂 GaN 和 Se 掺杂 GaN 纳米线的功函数图。单个、两个以及 3 个 Se 原子掺杂 GaN 纳米线的掺杂浓度分别为 2.08%、4.17% 和 6.25%。计算得出，未掺杂 GaN 纳米线功

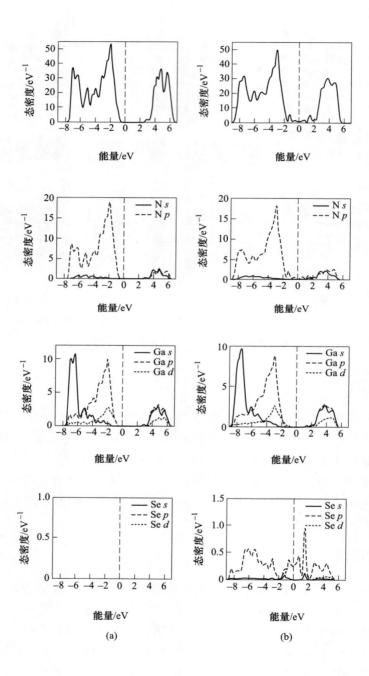

(a)   (b)

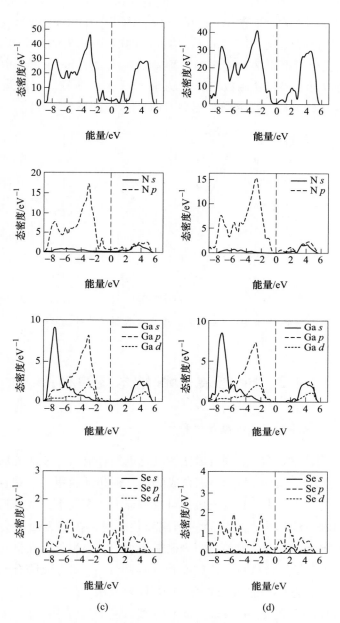

图 4-4 未掺杂 GaN 和 Se 掺杂 GaN 纳米线态密度图

（a）未掺杂；（b）单个 Se 原子；（c）两个 Se 原子；（d）3 个 Se 原子

函数的计算值是 4.1eV，与通常使用的 GaN 纳米线功函数值（4.1eV）一致[13]。其中模型（Ga_C）、模型（Ga_C，Ga_E）和模型（Ga_C，Ga_D，Ga_E）结构的功函数分别是 1.91eV、3.16eV 和 3.71eV，单个 Se 原子掺杂的 GaN 纳米线的功函数比未掺杂 GaN 的功函数减小了 2.19eV。功函数的减小是费米能级的上移导致的，而能带和态密度分析得出费米能级的上移则是杂质原子 Se 在禁带中引进的施主态导致的，所以可以确定功函数的降低是 Se 原子掺杂所致。也就是说，Se 原子掺杂能减小 GaN 纳米线的功函数，提高 GaN 纳米线的场发射性能。

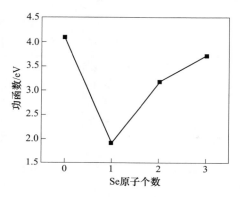

图 4-5　未掺杂 GaN 和 Se 掺杂 GaN 纳米线的功函数

4.3　Se 掺杂 GaN 纳米线的制备

4.3.1　Se 掺杂 GaN 纳米线的制备过程

气相-模板合成法、气-液-固合成法、氧化辅助合成法等技术先后应用于制备高质量 GaN 纳米线。其中，气-液-固合成法是一种非常通用的，并且一直以来备受众多研究者关注的方法。其合成机理可以解释为：高温下，气态反应物不断溶解进液态的纳米液滴当中，当液滴达到饱和状态时，在其表面就会析出纳米晶核，这样，产物就会沿着纳米晶核中表面能最小的晶面生长，在催化剂液滴的引导束缚下，形成一维纳米材料。比较有代表性的气-液-固合成法有激光辅助催化法、催化剂存在下的 CVD 法及自催化气-液-固合成法。

本章中用 CVD 法合成 Se 掺杂 GaN 纳米线。实验过程中除了主要的反应装置管式炉外，还使用到与之前章节相同的仪器。使用到的药品有：Ga_2O_3（99.999%）、NH_3（99.99%），以及浓硝酸、浓盐酸、浓硫酸、浓氨水、酒精、氢氟酸、双氧水、去离子水等。

Se 掺杂 GaN 纳米线制备前的准备工作同第 2.2.1 节塔形 GaN 纳米线制备前的准备工作，然后以 NH_3 和 Ga_2O_3 作为 N 源和 Ga 源，在 Pt/Si(111) 衬底上合成了 Se 掺杂 GaN 纳米线。将 Ga_2O_3 和硒粉按质量比为 15：1 混合均匀置于石英舟中，Si 基片衬底放置于距离源材料 2cm 处。然后将石英舟放入区域控温管式炉的石英管内，通入流量为 300mL/min 的 N_2 20min 排空气，确保管内为无氧环境。接着以 10℃/min 的升温速度升至反应温度，然后通入流量为 200mL/min 的氩气 10min，再通入一定流量的 NH_3 保持一段时间。反应完成后自然降温至室温，从衬底上获得淡黄色产物。

用 X 射线衍射、扫描电镜、透射电镜和高分辨透射电子显微镜对样品的晶体结构和形貌进行了表征。通过场发射测试系统对样品进行场发射性能测试。

4.3.2 工艺条件对 Se 掺杂 GaN 纳米线制备的影响

为了研究氨化温度对 Se 掺杂 GaN 纳米线的影响，在不同的温度下，同时保持其他条件不变，进行 3 组实验。按照第 4.3.1 节的实验步骤，分别升温至 1000℃、1050℃ 和 1100℃ 后，通入流量为 300mL/min 的 NH_3 保持 20min，制备 Se 掺杂 GaN 纳米线。

图 4-6 是不同氨化温度下制备 Se 掺杂 GaN 纳米线的 SEM 图。从图 4-6（a）和（b）可以看出当生长温度为 1000℃ 时，GaN 纳米线较少，并且很短，密度稀疏。从图 4-6（c）和（d）可以看出当生长温度为 1050℃ 时，在 Si 衬底上合成了大量的 GaN 纳米线，且密度较大，直径约为 100nm，长度约为 3μm。从图 4-6（e）和（f）可以看出当生长温度为 1100℃ 时，在 Si 衬底上合成了大量的块状结构，伴有少量的纳米线。经过对比观察可以发现：在较低温度（1000℃）时，合成的纳米线较少，并且很短，在较高温度（1100℃）时，可以合成块状材料，只有在适当温度（1050℃）时，可以合成 GaN 纳米线。从图 4-6（d）可以看出 Se 掺杂 GaN 纳米线顶端有催化剂颗粒，说明 Se 掺杂 GaN 纳米线的制备遵循 VLS 机制。

为了研究氨化时间对 Se 掺杂 GaN 纳米线的影响，在不同的氨化时间下，同时保持其他条件不变，进行 3 组实验。按照第 4.3.1 节的实验步骤，升温至 1050℃ 后，通入 300mL/min 的 NH_3，分别保持 10min、20min 和 30min，制备 Se 掺杂 GaN 纳米线。

图 4-7 是不同氨化时间下制备 Se 掺杂 GaN 纳米线的 SEM 图。从图 4-7（a）和（b）可以看出当氨化时间为 10min 时，GaN 纳米线密度稀疏，并且直径较小。从图 4-7（c）和（d）可以看出当氨化时间为 20min 时，在 Si 衬底上合成了大量的 GaN 纳米线，且密度较大，直径约为 100nm，长度约为 3μm。从图 4-7（e）和（f）可以看出当氨化时间为 30min 时，在 Si 衬底上也合成了 GaN 纳米线，但

图 4-6　不同温度下制备 Se 掺杂 GaN 纳米线 SEM 图

(a)(b) 1000℃；(c)(d) 1050℃；(e)(f) 1100℃

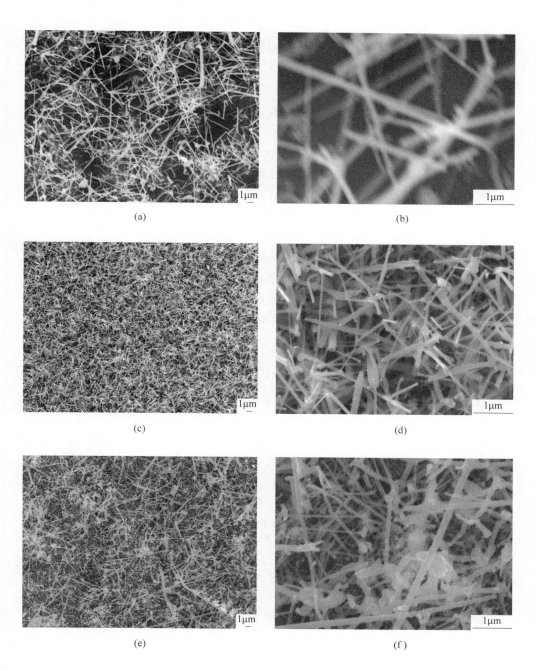

图 4-7 不同氨化时间下制备 Se 掺杂 GaN 纳米线 SEM 图

(a)(b) 10min；(c)(d) 20min；(e)(f) 30min

是在纳米线周围伴有块状结晶出现。经过对比观察可以发现：在氨化时间较短（10min）时，可以合成密度稀疏的 GaN 纳米线，在氨化时间较长（30min）时，在合成纳米线的同时会伴有块状结晶的出现。在氨化时间为 20min 时，可以合成密度较大的 GaN 纳米线。通过对比可以发现氨化时间会影响 GaN 纳米线的密度，可以为制备不同密度的 GaN 纳米线提供实验依据。从图 4-7（d）可以看出 Se 掺杂 GaN 纳米线顶端有催化剂颗粒，说明 Se 掺杂 GaN 纳米线的制备遵循 VLS 机制。

为了研究 NH_3 流量对 Se 掺杂 GaN 纳米线的影响，在不同的 NH_3 流量下，同时保持其他条件不变，进行 3 组实验。按照第 4.3.1 节的实验步骤，升温至 1050℃后，分别通入 200mL/min、300mL/min 和 400mL/min 的 NH_3 保持 20min，制备 Se 掺杂 GaN 纳米线。

图 4-8 是不同 NH_3 流量下制备 Se 掺杂 GaN 纳米线的 SEM 图。从图 4-8（a）和（b）可以看出当 NH_3 流量为 200mL/min 时，在 Si 衬底上合成了大量的 GaN 纳米线，直径约为 200nm，GaN 纳米线长度较短，约为 1μm。从图 4-8（c）和（d）可以看出当 NH_3 流量为 300mL/min 时，在 Si 衬底上合成了大量的 GaN 纳米线，直径约为 100nm，长度约为 3μm。从图 4-8（e）和（f）可以看出当 NH_3 流量为 400mL/min 时，在 Si 衬底上也合成了 GaN 纳米线，直径约为 50nm，长度可以达到 10μm。经过对比观察可以发现：在 NH_3 流量较小时，炉内环境处于富镓，富镓时 GaN 纳米线趋于横向生长，所以生长的纳米线较粗，较短。在 NH_3 流量较大时，炉内环境处于富氮，富氮时 GaN 纳米线趋于径向生长，所以生长的纳米线较细，较长。通过对比可以发现 NH_3 流量会影响 GaN 纳米线的长度和直径，可以为制备不同长度和直径的 GaN 纳米线提供实验依据。从图 4-8（d）可以看出 Se 掺杂 GaN 纳米线顶端有催化剂颗粒，说明 Se 掺杂 GaN 纳米线的制备遵循 VLS 机制。

4.3.3　不同浓度 Se 掺杂 GaN 纳米线制备

为了制备不同浓度 Se 掺杂 GaN 纳米线，在 Ga_2O_3 和掺杂源硒粉不同质量比例下，同时保持其他条件不变，进行 3 组实验。按照第 4.2.1 节的实验步骤，将 Ga_2O_3 和硒粉分别按质量比为 20∶1、15∶1、10∶1 混合均匀置于石英舟中，Si 基片衬底放置于距离源材料 2cm 处。然后将石英舟放入区域控温管式炉的石英管内，通入流量为 300mL/min 的 N_2 20min 排空气，确保管内为无氧环境。接着以 10℃/min 的升温速度升至 1050℃，然后通入流量为 300mL/min 的 NH_3 保持 20min，另外，以同样的工艺制备了未掺杂的 GaN 纳米线，反应完成后自然降温至室温，从衬底上获得淡黄色产物并对其进行了表征。

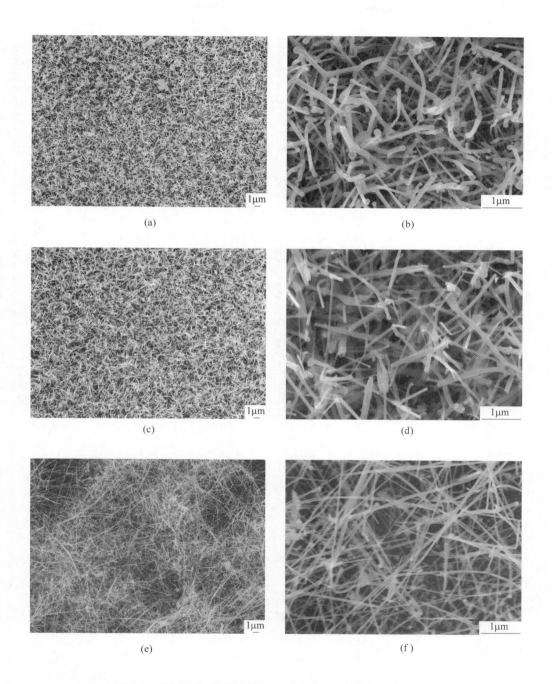

图 4-8 不同 NH$_3$ 流量下制备 Se 掺杂 GaN 纳米线扫描电镜图

（a）（b） 200mL/min；（c）（d） 300mL/min；（e）（f） 400mL/min

图 4-9 是 Ga_2O_3 和硒粉按不同质量比制备 Se 掺杂 GaN 纳米线的 SEM 图。从图 4-9 可以看出当 Ga_2O_3 和硒粉按不同质量比混合时，都在 Si 衬底上合成了大量的 GaN 纳米线，密度均匀，直径均匀，约为 100nm。可以为下一步研究掺杂浓度对 GaN 纳米线场发射性能的影响提供良好的条件。

(a)   (b)

(c)   (d)

(e)   (f)

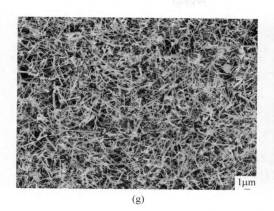 

(g)　　(h)

图 4-9　不同掺杂浓度 Se 掺杂 GaN 纳米线扫描电镜图

(a)(b)未掺杂；(c)(d)Ga_2O_3 和硒粉质量比为 20∶1；

(e)(f)Ga_2O_3 和硒粉质量比为 15∶1；(g)(h)Ga_2O_3 和硒粉质量比为 10∶1

图 4-10 为 Ga_2O_3 和硒粉按不同质量比制备 Se 掺杂 GaN 纳米线的 EDS 图谱，可以看出图 4-10（b）~（d）中有 Se 元素的峰，说明制备的样品中有 Se 元素存在，Se 元素在 4 个样品中的掺杂比例分别为 0%、1.61%、4.02%、5.98%。

4.3.4　Se 掺杂 GaN 纳米线 XRD 表征

图 4-11 所示为不同浓度 Se 掺杂 GaN 纳米线样品的 X 射线衍射图谱。从图中可以看出未掺杂与 Se 掺杂的 GaN 纳米线都出现了衍射峰，衍射峰（100）（002）（101）（102）和（110）与六方纤锌矿结构 GaN 标准卡片一致，说明制备的 Se 掺杂 GaN 纳米线为六方纤锌矿结构[7-9,11,14]。在图谱中并没有观察到 Se 或者 Se 的化合物的杂质峰，说明 Se 元素已经有效地掺入 GaN 纳米线中。还可以发现随着掺杂浓度的变大，衍射峰强度逐渐减弱，说明结晶性也逐渐下降。因此，得出结论：随着掺杂浓度升高，所制备的纳米线结晶性下降。

4.3.5　Se 掺杂 GaN 纳米线 TEM 表征

图 4-12 所示浓度为 1.61% 的 Se 掺杂 GaN 纳米线的透射电子显微镜图。从图 4-12（a）中可以清晰地看出纳米线的直径约为 100nm，纳米线的顶端具有催化剂颗粒，说明纳米线的生长机理为 VLS 机理。图 4-12（b）中插图是选区电子衍射图，与单晶六方纤锌矿衍射斑点一致[15-16]，说明制备的 Se 掺杂 GaN 纳米线为六方纤锌矿结构，与 XRD 结果一致。从图 4-12（b）中可以看出晶面间距为 0.25nm，对应于六方纤锌矿 GaN 的（002）晶面，说明 Se 掺杂 GaN 纳米线是沿 [001] 晶向生长[17-20]。

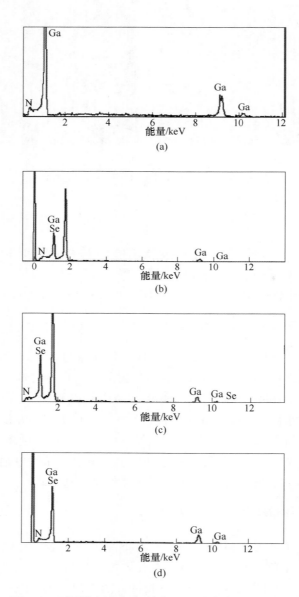

图 4-10　不同掺杂浓度 Se 掺杂 GaN 纳米线的 EDS 图谱

（a）Se 元素掺杂比例为 0%；（b）Se 元素掺杂比例为 1.61%；

（c）Se 元素掺杂比例为 4.02%；（d）Se 元素掺杂比例为 5.98%

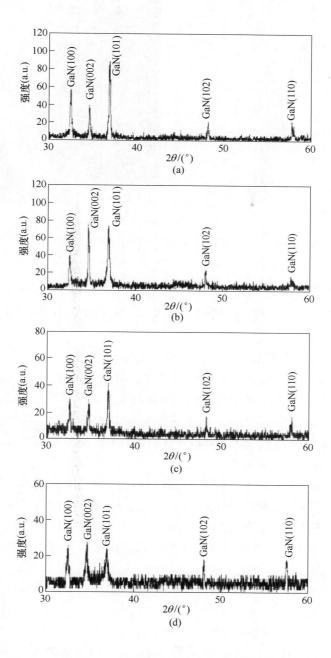

图 4-11 不同浓度 Se 掺杂 GaN 纳米线的 X 射线衍射图谱

(a) 0%; (b) 1.61%; (c) 4.02%; (d) 5.98%

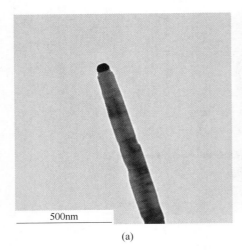
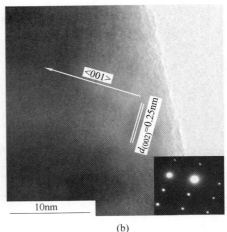

(a)   (b)

图 4-12　Se 掺杂 GaN 纳米线的透射电子显微镜图
(a) TEM；(b) HRTEM

4.4　Se 掺杂 GaN 纳米线场发射性能分析

从 F-N 公式可以看出，$\ln(J/E^2)$ 和 $1/E$ 呈线性关系，其斜率反映出材料功函数 φ、场增强因子 β 和常数 B 之间的关系，对于固定材料，功函数是一定的，场增强因子不同会导致 F-N 曲线出现不同的斜率；其截距反映出功函数 φ、场增强因子 β 和常数 A 之间的关系。通常场发射外加电场 E 和发射电流密度 J 遵循 F-N 关系，因此 F-N 方程成为判断电子发射是否属于场致发射的有力手段。对测试数据进行处理，以电场强度 E 为横坐标，电流密度 J 为纵坐标，绘制出 $J\text{-}E$ 曲线；以 $1/E$ 为横坐标，以 $\ln(J/E^2)$ 为纵坐标，绘制出 F-N 曲线。通过场发射测试系统对样品进行场发射性能测试，测试时，样品作为发射电子的阴极（测试过程中保持阴极探针与样品衬底紧密接触），接收电子的阳极使用 ITO 导电玻璃，阴极和阳极之间用厚度为 200μm 的聚四氟乙烯绝缘材料隔开。测试过程中的真空度为 3×10^{-4}Pa。

图 4-13 为未掺杂与 Se 掺杂 GaN 纳米线的 $J\text{-}E$ 曲线，从图 4-13 可以看出，掺杂浓度为 1.61% 的 Se 掺杂 GaN 纳米线的开启电场为 2.9V/μm（0.01mA/cm²），最大电流密度为 1170μA/cm²。掺杂浓度为 4.02% 的 Se 掺杂 GaN 纳米线的开启电场为 4.5V/μm，最大电流密度为 981μA/cm²。掺杂浓度为 5.98% 的 Se 掺杂 GaN 纳米线的开启电场为 6.2V/μm，最大电流密度为 787μA/cm²。未掺杂 GaN 纳米线的开启电场为 7.0V/μm，最大电流密度为 735μA/cm²。通过比较可以发

现，3 种浓度的 Se 掺杂 GaN 纳米线的开启电场均低于未掺杂的 GaN 纳米线，最大电流密度均大于未掺杂 GaN 纳米线。

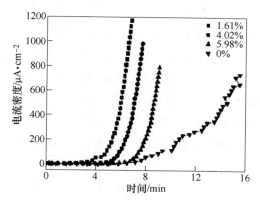

图 4-13　未掺杂与 Se 掺杂 GaN 纳米线 *J-E* 曲线

图 4-14 所示为在外加电场为 6.5V/μm 时，浓度为 1.61% 的 Se 掺杂 GaN 纳米线在 60min 内的场发射稳定性，初始电流密度和平均电流密度分别为 90μA/cm² 和 88μA/cm²。从图中可以观察到电流密度没有显著的变化，并且场发射电流密度波动维持在 2.2% 范围内，证明 Se 掺杂 GaN 纳米线作为场发射器件时具有较高的稳定性。通过本章中理论计算得到未掺杂和 Se 掺杂 GaN 纳米线的浓度分别为 0%、2.08%、4.17%、6.25% 时，功函数分别是 4.1eV、1.91eV、3.16eV、3.71eV，实验制得的未掺杂和 Se 掺杂 GaN 浓度分别为 0%、1.61%、4.02%、5.98%，理论计算的浓度与实验制得样品的浓度相接近。理论计算得出 Se 掺杂降低 GaN 纳米线的功函数，实验证明 Se 掺杂有效地降低 GaN 纳米线的开启电场，可以增强 GaN 纳米线的场发射性能，实验结果与理论计算结果吻合。

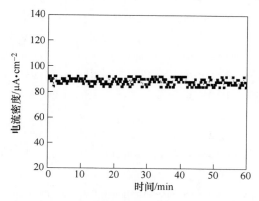

图 4-14　Se 掺杂 GaN 纳米线的场致发射电流稳定性

本章用密度泛函理论研究未掺杂和 Se 掺杂 GaN 纳米线的功函数，理论结合实验用 CVD 法制备未掺杂和 Se 掺杂 GaN 纳米线，并研究其场发射性能。得出主要结论如下：

（1）用密度泛函理论计算了 Se 掺杂 GaN 纳米线的电子结构和功函数，设计了 3 种掺杂模型（掺杂浓度分别为 2.08%、4.17% 和 6.25%）及未掺杂模型，计算结果表明，与未掺杂 GaN 纳米线相比，3 种 Se 掺杂 GaN 纳米线的费米能级附近的施主能级主要是由 Se 的 $4p$ 态和 N 的 $2p$ 态构成，费米能级向上移动，3 种 Se 掺杂 GaN 纳米线的功函数比未掺杂 GaN 纳米线的功函数（4.1eV）都小，Se 掺杂使 GaN 纳米线的功函数减小，说明可以通过 Se 掺杂降低功函数来增强 GaN 纳米线的场发射性能。

（2）用 CVD 法在 Pt/Si(111) 衬底上制备出 Se 掺杂 GaN 纳米线，研究了氨化温度、氨化时间、氨化气流等工艺参数对 Se 掺杂 GaN 纳米线形貌的影响。XRD 测试结果分析得出 Se 掺杂 GaN 纳米线的晶体结构为六方纤锌矿单晶结构，SEM 分析得出 Se 掺杂 GaN 纳米线直径约为 200nm，生长遵循气-液-固机制。HRTEM 得出 Se 掺杂 GaN 纳米线沿 [001] 晶向生长。

（3）用 CVD 法在 Pt/Si(111) 衬底上制备出 Se 掺杂浓度别为 1.61%、4.02%、5.98% 的 GaN 纳米线，3 种 Se 掺杂 GaN 纳米线的开启电场均低于未掺杂 GaN 纳米线，场发射性能均优于未掺杂 GaN 纳米线，和理论计算结果吻合。Se 掺杂使 GaN 纳米线的功函数减小，场发射性能得到增强。

参 考 文 献

[1] THOMAS L H. The calculation of atomic field [J]. Proc. Camb. Phil. Soc., 1927, 23 (2): 542-548.

[2] FERMI E. A statistical method for the determination of some atomic properties and the application of this method to the theory of the periodic system of elements [J]. Z. Phys., 1928, 48: 73-79.

[3] DIRAC P A M. Note on exchange phenomena in the Thomas-Fermi atom [J]. Math. Proc. Cambridge Phil. Roy. Soc., 1930, 26 (3): 376-385.

[4] SEO H W, BAE S Y, PARK J, et al. Strained gallium nitride nanowires [J]. J. Chem. Phys., 2002, 116: 9492.

[5] YAN Y, ZHOU L, HAN Z, et al. Growth analysis of hierarchical ZnO nanorod array with changed diameter from the aspect of supersaturation ratio [J]. J. Phys. Chem. C., 2010, 114 (9): 3932-3936.

[6] GAO P, WANG Z. Self-assembled nanowire-nanoribbon junction arrays of ZnO [J]. J. Phys. Chem. B., 2002, 106 (49): 12653-12658.

［7］ YI G C, WESSELS B W. Compensation of n-type GaN ［J］. Appl. Phys. Lett. , 1996, 69: 3028-3030.

［8］ WANG Z G, ZHANG C L, LI J B, et al. First principles study of electronic properties of gallium nitride nanowires grown along different crystal directions ［J］. Comp. Mater. Sci. , 2010, 50 (2): 344-348.

［9］ KIM C, KIM B, LEE S M, et al. Lee Electronic structures of capped carbon nanotubes under electric fields ［J］. Phys. Rev. B. , 2002, 65: 165418.

［10］ 侯柱锋. VASP 软件包的使用入门指南 ［Z］. 北京: 北京宏剑软件公司, 2005.

［11］ BUONOCORE F, TRANI F, NINNO D, et al. Ab initio calculations of electron affinity and ionization potential of carbon nanotubes ［J］. Nanotechnol. , 2008, 19: 025711.

［12］ WEI A, WU X J, ZENG X C. Effect of apical defects and doped atoms on field emission of boron nitride nanocones ［J］. J. Phys. Chem. B. , 2006, 110: 16346.

［13］ 邢志伟. 基于电化学反应的 GaN 基纳米材料与器件研究 ［D］. 合肥: 中国科学技术大学, 2021.

［14］ LIU W, ZHENG W T, JIANG Q. First-principles study of the surface energy and work function of Ⅲ-Ⅴ semiconductor compounds ［J］. Phys. Rev. B. , 2007, 75 (23): 235322.

［15］ LIU B D, BANDO Y, TANG C C, et al. Excellent field-emission properties of P-doped gan nanowires ［J］. J. Phys. Chem. B, 2005, 109: 21521.

［16］ STANCHU H, KLADKO V, KUCHUK A V, et al. High-resolution X-ray diffraction analysis of strain distribution in GaN nanowires on Si(111) substrate ［J］. Nano. Res. Lett. , 2015, 10 (1): 1-5.

［17］ WANG Q, LIU X, KIBRIA M G, et al. p-Type dopant incorporation and surface charge properties of catalyst-free GaN nanowires revealed by micro-Raman scattering and X-ray photoelectron spectroscopy ［J］. Nanoscale, 2014, 6 (17): 9970-9976.

［18］ GOREN-RUCK L, TSIVION D, SCHVARTZMAN M, et al. Guided growth of horizontal GaN nanowires on quartz and their transfer to other substrates ［J］. ACS Nano. , 2014, 8 (3): 2838-2847.

［19］ BRANDT O, FERNÁNDEZ-GARRIDO S, ZETTLER J K, et al. Statistical analysis of the shape of one-dimensional nanostructures: determining the coalescence degree of spontaneously formed GaN nanowires ［J］. Cryst. Growth. Des. , 2014, 14 (5): 2246-2253.

［20］ KUYKENDALL T R, ALTOE M V P, OGLETREE D F, et al. Catalyst-directed crystallographic orientation control of GaN nanowire growth ［J］. Nano. Lett. , 2014, 14 (12): 6767-6773.

5 螺旋形 GaN 纳米线的制备及性能

5.1 引　　言

　　CVD 法作为一种重要的和普遍制备纳米材料的方法之一，是将气体、液体或固体原料加热到气化状态下进行化学反应，当气相分子凝聚到达临界尺寸后成核，经过聚集、长大形成固态粉末、丝或薄膜的一种制造方法。一般情况下，可以通过改变反应物的浓度、气体流速、反应温度、反应时间及反应物距衬底的距离等工艺条件来实现对纳米材料的形貌、尺寸和晶相等特征的控制。制备纳米材料的 CVD 法与 PVD 法的显著区别是 CVD 法制备过程中存在着化学反应。根据反应过程的特点，可将 CVD 法分成为普通 CVD（TACVD）、等离子体增强 CVD（PECVD）、光辅助 CVD（PACVD）、激光 CVD（LCVD）、火焰辅助 CVD（FACVD）、有机金属化合物 CVD（MOCVD）、原子层外延（ALE）及反应溅射（或称气相流溅射，GFS）等。

　　利用 CVD 法制备的半导体纳米材料的形貌可控性强，晶体质量高。通过对生长参数的控制，对生长气氛及源的选取，衬底位置和温度梯度的调节可以制备出各种纳米结构。另外，实验原理简单，仪器要求不高，成本较低，适用于大批量生产。因此，本章选择 CVD 法制备 GaN 纳米线材料。从之前章节的实验内容可知，通过调节工艺参数可以制备不同形貌的 GaN 纳米线。本章通过调控工艺参数制备了螺旋形 GaN 纳米线。

5.2　样品的制备

　　采用 CVD 法，以 Ga_2O_3 粉末为镓源，以 NH_3 为氮源制备 GaN 纳米线。首先，将覆盖有 Pt 纳米颗粒的 Si 衬底放入石英舟中，在距离其大约 2cm 的位置放镓源；其次，将石英舟放入管式电阻炉的中间恒温区，使镓源处于气流的上游；再次，升温开始时，先通入流量为 300mL/min 的 N_2 20min 以排除空气，当温度升至生长温度时，通入一定流量的 NH_3，并保持一定生长时间；最后，通入流量为 300mL/min 的 N_2 20min 以排除残余 NH_3 并自然降至室温，收集产物。

以 Ga_2O_3 为镓源、NH_3 为氮源，氨化温度为 1050℃，NH_3 流量为 200mL/min，氨化时间分别为 15min、20min 及 25min，制备了 3 个样品。

5.3 螺旋形 GaN 纳米线的 SEM 表征

3 个样品的表面均呈现淡黄色，对样品进行 SEM 表征。图 5-1 为 GaN 纳米线

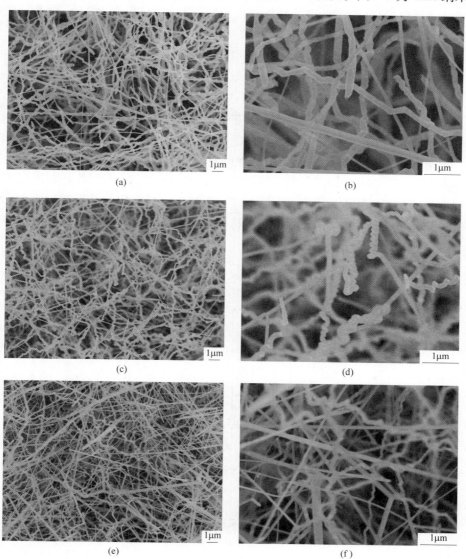

图 5-1 不同氨化时间下制备的样品的 SEM 图像

（a）（b）15min；（c）（d）20min；（e）（f）25min

3 个样品的 SEM 图，左边为低倍率下的扫描图，右边为高倍率下的扫描图。从图 5-1（a）和（b）可以看出 Si 衬底上形成的淡黄色薄膜产物是由大量 GaN 纳米线交织组成。当氨化时间为 15min 时，少数纳米线为弯曲纳米线，大部分为直纳米线，弯曲纳米线直径为 200nm，直纳米线直径为 50~250nm，纳米线长几十微米。从图 5-1（c）和（d）可以看出当氨化时间为 20min 时，有的纳米线上有一段螺旋形，这种螺旋形纳米线可能会表现出更佳的电学和光学特性，比如更佳的场发射特性。从图 5-1（e）和（f）可以看出当氨化时间为 25min 时，直纳米线和弯曲纳米线交叠在一起，纳米线直径为 50~200nm。经以上分析可知，氨化时间对 GaN 纳米线的形貌有很大影响，氨化温度为 1050℃、NH_3 流量为 200mL/min、氨化时间为 20min 时，纳米线中出现螺旋形状。

5.4　螺旋形 GaN 纳米线的 XRD 表征

采用 X 射线衍射仪（XRD）对螺旋形 GaN 纳米线进行表征，其衍射图样如图 5-2 所示。在 2θ 分别为 32.4°、34.6°、36.8°、48.1°及 57.8°等处都出现了明显的衍射峰，和衍射卡片 JCPDS（卡号：50-0792）进行对比，分别对应于六方纤锌矿单晶 GaN 的（100）（002）（101）（102）（110）（103）（112）等晶面，说明生成的 GaN 纳米线为单晶六方纤锌矿结构。

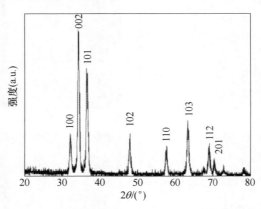

图 5-2　螺旋形 GaN 纳米线的 XRD 图谱

5.5　螺旋形 GaN 纳米线的 TEM 表征

图 5-3 是单根螺旋形 GaN 纳米线的 TEM 图像。从图 5-3（a）中可以看出单

根 GaN 纳米线呈螺旋形，表面光滑，纳米线直径约为 100nm。从图 5-3（b）中可以清楚地看到晶格，晶面间距为 0.525nm，对应于（001）晶面，进一步说明制备的螺旋形 GaN 纳米线为单晶六方纤锌矿结构，且沿［001］晶向生长。

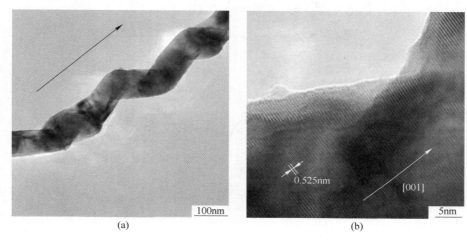

(a)   (b)

图 5-3　螺旋形 GaN 纳米线的 TEM 图像
（a）低倍率 TEM 图；（b）高倍率 TEM 图

5.6　螺旋形 GaN 纳米线的场发射性能测试

对螺旋形 GaN 纳米线进行场发射特性测试，图 5-4 为样品的场发射电流密度-电场即 J-E 曲线。定义发射电流密度为 0.01mA/cm² 时的电场为开启电场，由图 5-4 可知样品的开启电场为 4.5V/μm，小于之前报道的 GaN 纳米线的开启电场 7.0~9.5V/μm[1-5]。

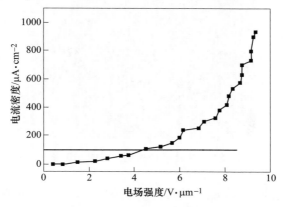

图 5-4　螺旋形 GaN 纳米线的场发射 J-E 曲线图

图 5-5 是样品的 F-N 曲线，从图中可以看到样品的场发射特性是符合 F-N 发射的。取 GaN 的功函数为 4.1eV，由 F-N 公式可以求出样品的几何增强因子 β 为 2285，说明此样品具有很好的场发射性能，优异的场发射性能源于螺旋形 GaN 纳米线很好的单晶结构及螺旋形上更多的突起点。

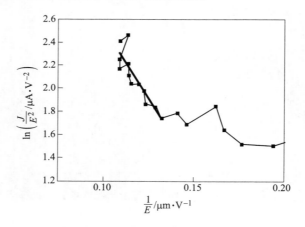

图 5-5   螺旋形 GaN 纳米线的场发射 F-N 曲线图

5.7   螺旋形 GaN 纳米线的生长机制分析

通过样品的 SEM 图可以分析螺旋形 GaN 纳米线的生长过程中存在的机理。从图 5-6 中可以看到纳米线顶端有催化剂纳米颗粒，所以在这种条件下的纳米线是以气-液-固机制生长的。

图 5-6   螺旋形 GaN 纳米线的 SEM 图

纳米线生长过程中，高温下 NH_3 分解成 NH_2、NH、H_2 和 N 原子。Pt 纳米颗粒形成小液滴，为吸收气相反应物提供了成核点；另外，NH_3 分解生成的 H_2 与

Ga_2O_3 反应生成气相的 Ga_2O，Ga_2O 与 NH_3 反应生成 GaN，具体反应方程式如下：

$$2NH_3(g) \longrightarrow N_2(g) + 3H_2(g) \qquad (T > 800℃) \qquad (5\text{-}1)$$

$$Ga_2O_3(s) + 2H_2(g) \longrightarrow Ga_2O(g) + 2H_2O(g) \qquad (T > 800℃) \qquad (5\text{-}2)$$

$$Ga_2O(g) + 2NH_3(g) \longrightarrow 2GaN(s) + 2H_2(g) + H_2O \qquad (5\text{-}3)$$

　　NH_3 与气相 Ga_2O 溶入 Pt 液滴形成 Pt-Ga-N 合金液滴，随着 NH_3 与 Ga_2O 不断溶入 Pt 液滴，Pt-Ga-N 合金达到饱和，GaN 从 Pt-Ga-N 合金中析出，形成 GaN 晶核，随着氨化过程的进行，GaN 不断饱和析出，形成纳米线。纳米线的顶端就会存在催化剂颗粒。

　　纳米线沿螺旋形生成是由于催化剂上首先形成一个活性核，纳米线绕该核进行生长。该催化剂核的各向异性导致析出 Ga 原子和 N 原子的速率不同，从而纳米线的生长速率不同，并且纳米线向速率低的圆周弯曲。

　　在氨化温度为 1050℃、氨化时间为 20min、NH_3 流量为 200mL/min 时，利用 Pt 催化 CVD 法制备出螺旋形 GaN 纳米线，对其进行 SEM、XRD、TEM 测试，得出结论如下：（1）样品出现螺旋形 GaN 纳米线，纳米线为单晶六方纤锌矿结构，沿 [001] 晶向生长；（2）开启电场为 4.5V/μm（电流密度为 100μA/cm² 时），F-N 曲线拟合直线的斜率 $k = -24.812$，取 GaN 功函数为 4.1eV，计算得到 $\beta = 2285$，可知此样品具有很好的场发射性能；（3）对 GaN 纳米线的生长机理进行了分析，纳米线生长遵循气-液-固机制，纳米线沿螺旋形生长是催化剂核的各向异性所导致。

参 考 文 献

[1] ZHOU X T, SHAM T K, SHAN Y Y, et al. One-dimensional zigzag gallium nitride nanostructures [J]. J. Appl. Phys., 2005, 97: 104315.

[2] XV B S, YANG D, WANG F, et al. Synthesis of large scale GaN nanobelts by chemical vapor deposition [J]. Appl. Phys. Lett., 2006, 89 (7): 1-3.

[3] 李红，薛成山，庄惠照，等. 氨化 Si 基 Ga_2O_3/Ta 薄膜制备 GaN 纳米线 [J]. 微细加工技术，2007, 5 (5): 31-33.

[4] 李恩玲，王珊珊，王雪文. GaN 薄膜的制备及其振动光谱的密度泛函理论研究 [J]. 无机材料学报，2008, 23 (6): 1121-1124.

[5] 薛成山，张冬冬，庄惠照，等. Mg 掺杂 GaN 纳米线的结构及其性能 [J]. 物理化学学报，2009, 25 (1): 113-115.

6 直和绳形 GaN 纳米线的制备及性能

6.1 引　言

新型纳米功能材料开发及其在半导体器件和光电器件等诸多方面的应用研究是目前纳米科技发展的主要方向。GaN 作为宽禁带半导体材料的典型代表，具有优异的力学强度、化学和物理稳定性，室温下禁带宽度为 3.4eV，高热导率、高熔点、电子饱和漂移速度大等特点，这些特点使 GaN 材料在高亮度短波长发光二极管、半导体激光器[1]及光电探测器、光学数据存储、高性能紫外探测器和高温、高频、大功率半导体器件等光电子学和微电子学领域具有广泛的应用前景。GaN 功函数为 4.1eV，比单壁碳纳米管和氧化锌纳米线的功函数（分别为 4.9eV 和 5.3eV）都小，其电子亲和势（2.7~3.3eV）低，作场发射阴极材料具有开启电压小、寿命长等优势，是很有潜力的场发射阴极材料[2-7]。GaN 纳米材料和块体材料相比具有更优异的性能，一维 GaN 纳米材料和碳纳米管及氧化锌纳米线等其他一维宽禁带半导体纳米材料一样，具有大的纵横比和尖端等，作场发射阴极材料有很大的优势，在超高速高频器件、电子束刻蚀及场发射平板显示器等方面有良好的发展和应用前景。对 GaN 纳米材料的研究与应用是目前全球半导体研究的前沿和热点。

CVD 法是指通入气体反应源，同时加热前驱体（其中前驱体可以是固体粉末、液体或者气态），使其和气体源发生充分反应，然后在一定温度下，气相分子达到凝聚临界尺寸后，成核并不断生长，从而获得一维纳米材料。CVD 法一般分为无催化剂和有催化剂辅助生长 2 种方法，本章以 Ga_2O_3 和 NH_3 分别作为镓源和氮源，以 Pt 为催化剂用 CVD 法来合成所需的 GaN 纳米线材料。本章所用衬底及合成实验器材均与之前章节一致。

6.2　制　备　工　艺

6.2.1　制备过程

分别以 Ga_2O_3 和 NH_3 作为 Ga 源和 N 源，以附着有 Pt 催化剂纳米颗粒的 Si

为衬底，利用 CVD 法在管式炉中制备 GaN 纳米结构。取 0.2g Ga$_2$O$_3$ 粉末，研磨后放入石英舟的一端，把附着有 Pt 催化剂纳米颗粒的 Si 衬底放置距 Ga$_2$O$_3$ 源下游 2cm 处，然后把石英舟放在高温管式炉的中间。密闭管式炉，通入 20min 流量为 300mL/min 的 N$_2$ 以排除空气。控制高温管式炉从室温升至所需要的不同生长温度，此时通以一定时间、流量的 NH$_3$，然后降温至室温得到所需要的不同条件下的样品。

6.2.2 氨化时间对 GaN 纳米线的影响

按照第 6.1.1 节的实验步骤，在氨化温度为 1050℃、NH$_3$ 流量为 300mL/min、氨化时间为 20min 时，得到制备的 GaN 纳米线样品 1；在氨化温度为 1050℃，气流量为 300mL/min，氨化时间为 10min，得到制得的 GaN 纳米线样品 2。

用 XRD 衍射仪对其进行成分表征，2 个 GaN 纳米线样品的 X 射线衍射谱图如图 6-1 所示，图中(100)(002)(101)(102)(110)(103)(112)(201)衍射峰与标准卡上六方纤锌矿结构 GaN 的衍射峰完全符合，说明 2 个样品都是 GaN 的六方纤锌矿单晶结构。

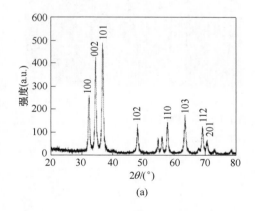 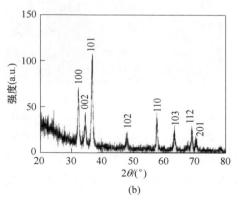

图 6-1 GaN 纳米线的 XRD 图

(a) 样品 1；(b) 样品 2

图 6-2 为 2 个 GaN 纳米线样品的 SEM 图，放大倍数为 2 万倍，从图中可以看出，生成的纳米线十分弯曲，其长度达到数十微米。

图 6-3 为放大 4 万倍的高倍率 SEM 图，从图中可以看到，样品 1 纳米线的半径在 100nm 左右，样品 2 纳米线的半径在 50nm 左右。由此断定随着生长时间的增加，GaN 纳米线的半径会变大。

图 6-2 GaN 纳米线的 2 万倍率 SEM 图

(a) 样品 1；(b) 样品 2

图 6-3 GaN 纳米线的 4 万倍率 SEM 图

(a) 样品 1；(b) 样品 2

6.2.3 NH₃ 流量对 GaN 纳米线的影响

在石英舟中放入 0.2g Ga₂O₃ 作为镓源，同时把覆盖有 Pt 催化剂纳米颗粒的 Si 衬底放置于距镓源 2cm 处，然后把石英舟放在管式炉的恒温区，使镓源处于气流上游，通入流量为 300mL/min 的 Ar 气 30min，以排除空气；之后温度升至 1050℃时通入流量为 150mL/min 的 NH₃，并保持 20min，最后自然降温至常温，得到制备的 GaN 纳米线样品 3。保持其他条件不变，改变 NH₃ 流量为 400mL/min，得到 GaN 纳米线样品 4。图 6-4 为样品 3 纳米线的 XRD 图，图中 (100)(002)(101)(102)(110)(103)(112)(201) 衍射峰与标准卡上六方纤锌矿结构 GaN 的衍射峰完全符合，说明样品 3 纳米线也是 GaN 的六方纤锌矿单晶结构。而样品 3 纳米线的 (002) 峰都比较突出，大致说明该条件下 GaN 纳米线沿［001］晶向生长。

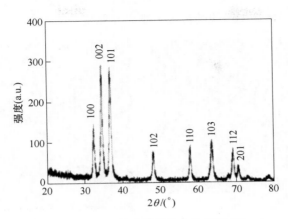

图 6-4 GaN 纳米线样品 3 的 XRD 图

图 6-5（a）和（b）分别为 GaN 纳米线样品 3 放大 2 万倍和 4 万倍的 SEM 图，与图 6-2 和图 6-3 中样品 1 的 SEM 图比较，可以看出：GaN 纳米线样品 3 中的纳米线长度明显减小，且纳米线直径要比样品 1 的纳米线直径要小。由此可知，随着 NH_3 流量的增加，纳米线的直径和长度均增加，但其径向生长速率要大于横向生长速率，故氨气流量对纳米线长度的影响要大于对纳米线直径的影响。

(a)   (b)

图 6-5 GaN 纳米线样品 3 的 SEM 图

（a）2 万倍放大倍数；（b）4 万倍放大倍数

图 6-6（a）和（b）分别为样品 4 的 2 万倍和 4 万倍放大倍率图，可以看到，图中的纳米线生长笔直，因此可以得出结论：随着 NH_3 流量增大到一定程

度，纳米线表面形貌会发生改变。

结合氨化时间对纳米线的影响，得出结论：氨化时间主要影响纳米线的直径，NH₃ 流量主要影响纳米线的长度及其表面形貌。

(a)　　　　　　　　　　　　　　(b)

图 6-6　GaN 纳米线样品 4 的 SEM 图
（a）2 万倍放大倍数；（b）4 万倍放大倍数

6.3　直 GaN 纳米线

6.3.1　直 GaN 纳米线的 SEM 表征

得到氨气流量和氨化时间的基本规律之后，继续改变工艺条件，在氨化温度为 1050℃、氨化时间 15min 时，分别通以 300mL/min、400mL/min、500mL/min 的 NH₃，然后降温至室温得到所需要的 3 个 GaN 纳米线。对制备的 3 个 GaN 纳米线进行扫描电镜表征，其 SEM 图如图 6-7 所示，可以看到，纳米线的半径为 50nm 左右时，其长度达到数微米。通过分析，在氨气流量 300mL/min 时，生成的 GaN 纳米线比较无序，大量纳米线是弯曲的；而当氨气流量为 400mL/min 时，生成的纳米线长且直；而当氨气流量继续增加为 500mL/min 时，部分纳米线开始变粗而且不均匀。可以得到结论：在氨气流量为 400mL/min 时，生长出的纳米线表面形貌为直 GaN 纳米线。

6.3.2　直 GaN 纳米线的 XRD 表征

用 XRD 衍射仪对 1050℃、400mL/min、15min 条件下生成的直 GaN 纳米线进行成分表征，直 GaN 纳米线的 X 射线衍射谱图如图 6-8 所示，图中直 GaN 纳米线的（100）（002）（101）（102）（110）（103）（112）（201）衍射峰与标准卡上六方

图 6-7 不同氨气流量生成的 GaN 纳米线的 SEM 图

（a）300mL/min；（b）400mL/min；（c）500mL/min

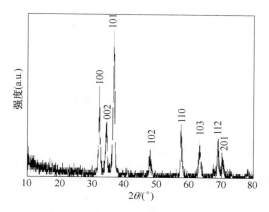

图 6-8 直 GaN 纳米线的 XRD 图

纤锌矿结构 GaN 的衍射峰完全符合，说明所制直 GaN 纳米线是 GaN 的六方纤锌矿单晶结构。而所得衍射谱中没有出现 Ga_2O_3 的峰，说明 1050℃时 Ga_2O_3 和

NH$_3$ 在 20min 的时间内发生了充分反应，所制备的直 GaN 纳米线具有较高的纯度。

6.3.3 直 GaN 纳米线的 TEM 表征

为了更清晰地看到纳米线表面的形貌，对直 GaN 纳米线进行了 TEM 表征，其 TEM 图如图 6-9 所示，从图中可以看到，制备的纳米线笔直，而纳米线表面并不是光滑的，存在一定缺陷。从 GaN 的选区电子衍射图，可以看到，制备的 GaN 纳米线结晶性很好，从 TEM 高分辨图中测得所制直 GaN 纳米线的晶格间距为 0.235nm，对照 GaN 的 PDF 标准卡片，得出直 GaN 纳米线的生长晶向为 [101]。

(a)   (b)

图 6-9   直 GaN 纳米线的 TEM 图
(a) 低倍率；(b) 高倍率（插图为选区电子衍射）

6.4   绳形 GaN 纳米线

6.4.1 绳形 GaN 纳米线的 SEM 表征

以附着有 Pt 催化剂纳米颗粒的 Si 为衬底，利用 CVD 法在管式炉中制备 GaN 纳米结构。取 0.2g Ga$_2$O$_3$ 粉末，研磨后放入石英舟的一端，把附着有 Pt 催化剂纳米颗粒的 Si 衬底放置距 Ga$_2$O$_3$ 源下游 2cm 处，然后把石英舟放在高温管式炉的中间。密闭管式炉，通入 20min 流量为 300mL/min 的 N$_2$ 以排除空气。高温管式炉从室温升至 1050℃，保持该温度，同时通以 250mL/min 的 NH$_3$，氨化时间分别为 10min、15min、20min，然后降温至室温得到所需要的 3 个 GaN 纳米线样品。

对制备的 3 个样品进行扫描电镜表征，其 SEM 图如图 6-10 所示。通过观察可知，在氨化时间为 10min 时，生成的 GaN 纳米线表面比较无序；而当氨化时间为 15min 时，大量纳米线表面呈现绳的形状；而当氨化时间继续增加为 20min时，纳米线开始聚集成纳米片。因此可以得到结论：在氨化时间为 15min 时，可以生长出纳米线表面形貌为绳形的 GaN 纳米线。

图 6-10 不同氨化时间下生成的 GaN 纳米线的 SEM 图

（a）10min；（b）15min；（c）20min

6.4.2 绳形 GaN 纳米线的 XRD 表征

用 XRD 衍射仪对 1050℃、250mL/min、15min 条件下生成的绳形 GaN 纳米线进行成分表征，X 射线衍射谱图如图 6-11 所示，图中 GaN 纳米线的（100）（002）（101）（102）（110）（103）（112）（201）衍射峰与标准卡上六方纤锌矿结构 GaN 的衍射峰完全符合，说明所制 GaN 纳米线是 GaN 的六方纤锌矿单晶结构。而所得衍射谱中没有出现 Ga_2O_3 的峰，说明 1050℃时 Ga_2O_3 和 NH_3 在 15min

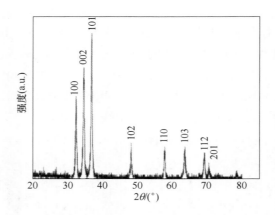

图 6-11   绳形 GaN 纳米线的 XRD 图

的时间内发生了充分反应，所制备的 GaN 纳米线具有较高的纯度。

6.4.3   绳形 GaN 纳米线的 TEM 表征

为了更清晰地看到纳米线表面的形貌，对绳形 GaN 纳米线进行了 TEM 表征，其 TEM 图如图 6-12 所示，从图 6-12（a）和（b）中可以看到，纳米线 2 个面都有凸起的部分，也就是绳形结构，而且纳米线总体上是直的，即纳米线径向生长。图 6-12（c）和（d）是绳形 GaN 纳米线两端的 TEM 高分辨图，图 6-12（f）中测得所制样品的晶格间距为 0.52nm，对照 GaN 的 PDF 标准卡片，得出绳形 GaN 纳米线的生长方向为 [001] 晶向。图 6-12（e）为绳形 GaN 纳米线的选区电子衍射图，可以看到，制备的 GaN 纳米线结晶性很好。

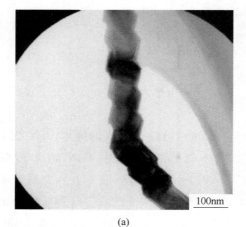

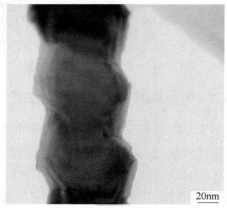

(a)   (b)

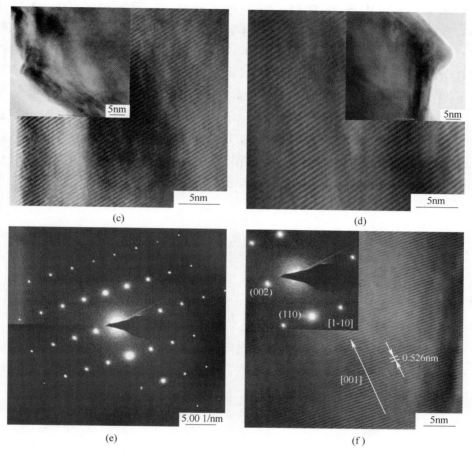

图 6-12 绳形 GaN 纳米线的 TEM 图

（a）（b）低分辨；（c）（d）（f）高分辨；（e）选区电子衍射

6.4.4 绳形 GaN 纳米线的 XPS 表征

图 6-13 是氨化温度为 1050℃、氨化时间为 20min、NH_3 流量为 400mL/min 条件下所制 GaN 纳米线的 X 射线光电子能谱（XPS）图。图 6-13（a）为 GaN 纳米线的 XPS 扫描全谱，扫描范围为 0～1200eV。从图 6-13（a）中可以看到制备的 GaN 纳米线材料的 XPS 能谱中存在 Ga3d、Ga3p、C1s、N1s、O1s、Ga2p 峰和 Ga LM 俄歇峰。推测 GaN 纳米线中的 C 和 O 来源于表面污染，可能是 GaN 纳米线在转移过程中吸附空气中的杂质所致。Amanullah 等人已报道 O1s 峰通常在 529～535eV 范围内，其中 529～530eV 范围内的 O1s 峰是由于存在晶格氧（即 O 以化合态形式存在），而 530～530.9eV 范围内的 O1s 峰则归因于化学吸附的氧，

从图 6-13 （a） 中可以看到，制备的 GaN 材料 XPS 中的 O1s 峰位于 530.58eV 处，其左边 2 个峰为 Ga LM 峰，这进一步说明制备的 GaN 纳米线 O1s 峰为化学吸附。图 6-13 （b） 为 Ga3d （20.68eV） 的图谱，图中没有出现 Ga_2O_3 的伴峰，说明样品中不存在 Ga—O 键，因而不存在 Ga_2O_3 杂质。从图 6-13 （c） 可以看到清晰的 Ga2$p_{3/2}$、Ga2$p_{1/2}$ 两个峰，它们分别位于 1118.58eV 和 1145.38eV 处，能谱中 Ga 的中心位置位于 1128.48eV 处，相对于 Ga 元素的能谱位置发生了正向偏移，从而说明了 GaN 纳米线中 Ga 不以单质形式存在，而是以化合态存在。图 6-13 （d） 为 N1s 峰的谱图，该峰位于 398.18eV 处。上述结果说明在现有条件下合成的样品为纯 GaN，不含单质 Ga 或 Ga_2O_3 杂质。

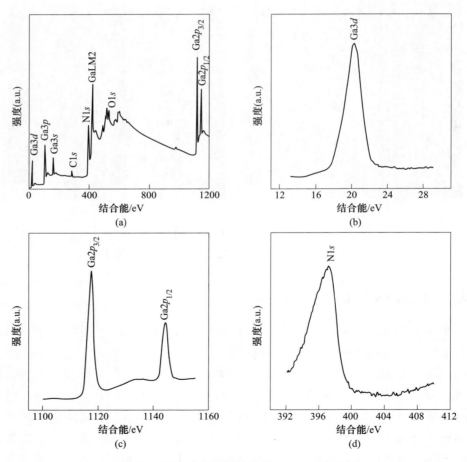

图 6-13　绳形 GaN 纳米线 X 射线光电子能谱图

（a）全谱；（b）Ga3d 图谱；（c）Ga2p 图谱；（d）N1s 图谱

6.5 直和绳形 GaN 纳米线的生长机理分析

目前，人们已经深入研究怎样合成不同形状的一维 GaN 纳米线，同时也对一维 GaN 纳米线的生长机理做出了大量分析。本章结合实验主要介绍两种生长机理：气-液-固生长机理和气-固生长机理。

6.5.1 气-液-固生长机理

在研究一维 Si 纳米线材料合成的论文中，采用了气-液-固生长机理来解释 Si 纳米线材料的生长。提出以这种生长机理合成的纳米线都需要催化剂的诱导，在合成 Si 纳米线中用 Au 作为催化剂的观点。基于此，人们在合成碳纳米管、Si 纳米线和氧化硅纳米线等中深入讨论了这种生长机理。

在气-液-固生长机理下，纳米线的生长过程主要由 3 部分组成：

（1）首先在衬底上沉积一层薄催化剂，例如 Ni、Fe、Au、Pt、Co 等。

（2）给衬底加热，使催化剂与衬底发生共晶作用形成液滴。通过源气相的输运，使参与生长纳米线的原子与液滴凝结成核。

（3）在成核处，不断有源气相凝结成核，当所生长的纳米线的原子数量达到一定程度时，就会饱和析出，形成纳米线。纳米线的顶端就会存在催化剂颗粒。

6.5.2 GaN 纳米线生长机理

从图 6-14 可以看到在 GaN 纳米线的生长过程中，有些纳米线的顶端有金属颗粒，而有些纳米线没有。作者认为，为了使生成的纳米线直径较小，制备的催化剂颗粒也比较小，随着反应时间的增加，GaN 纳米线数量逐渐增多，长度逐渐变长，有些很小的 Pt 液滴可能溶解于 GaN 纳米线中，从而导致纳米线顶端的金属颗粒不太明显。因此，所有的纳米线生长都应该遵循气-液-固生长机制，其生长机理大致如下：（1）Ga_2O_3 在高温下分解出 Ga 原子，同时 Pt 在高温下呈现液态，Ga 原子与呈液态的 Pt 融合形成共晶合金；其次，NH_3 在高温下分解出的 N 原子也溶解在熔融态的 Pt 颗粒中；（2）Ga 原子、N 原子不断地融入 Pt 液相，随着 Ga、N 的融入，Pt-Ga-N 液相合金中的 Ga 原子和 N 原子会同时发生饱和，饱和的 Pt-Ga-N 液相中就会析出固相 GaN 晶核；（3）GaN 晶核析出之后，Pt-Ga-N 液相合金中的 GaN 成分又会低于平衡状态时液相合金中的 GaN 成分，此时 Ga、N 的浓度会降低；（4）由于 Ga、N 浓度的降低，Ga 原子、N 原子又会接着融入 Pt-Ga-N 液相合金中，Pt-Ga-N 液相中 Ga、N 浓度再次升高，达到饱和时，在

GaN 晶核上析出 GaN 的固相，并沿着一个优先生长方向（所需生长能量最小的方向）形成 GaN 纳米线。这种过程按"—Ga 原子、N 原子融入 Pt-Ga-N 液相合金—Ga 和 N 过饱和—析出固相 GaN—GaN、N 贫化—Ga、N 原子再次融入 Pt-Ga-N 液相合金—"循环往复。这样形成的晶体不断地沿着垂直于液-固界面的方向生长，使 GaN 纳米线不断地长大。

图 6-14　纳米线顶端的金属颗粒

GaN 纳米线之所以长成绳形，是因为温度不均，作者认为既有温度不均还有气流量大小的缘故，因为在气流量比较大的条件下，生成的纳米线基本都是直的，很少呈现绳形；小气流时，温度不均导致了纳米线长成绳形，而且氨化时间的长短也对其形貌有影响。综合来说，小气流时，由于温度不均导致了绳形 GaN 纳米线的生成，而大气流时，气流的影响大于温度不均对其生长的影响，因而生成的纳米线是直的。绳形纳米线和直纳米线分别沿两个不同方向生长，由于其生长条件不存在对比性，在此暂不做分析。

本章通过退火处理的方法得到了所需要的 Pt 催化剂颗粒，用 CVD 法在附着有 Pt 催化剂颗粒的 Si（100）衬底上生长 GaN 纳米线；研究了不同气流量和不同氨化时间工艺条件对 GaN 纳米线表面形貌的影响，成功制备出 2 种不同形貌的 GaN 纳米线，并对制备的纳米线进行 SEM、XRD、TEM、XPS 等表征。XRD 结果表明：生成物为 GaN 六方纤锌矿结构，且所制 GaN 纳米线均为纯净的 GaN 材料；SEM 表明，生成的纳米线半径为 50~100nm，长度达到数十微米，而且生成的纳米线在 Si 衬底表面分布均匀，纳米线顶端有金属颗粒。TEM 结果表明：生成绳形和直纳米线两种不同形貌的 GaN 纳米线，绳形 GaN 纳米线沿［001］晶向生长，直 GaN 纳米线沿［101］晶向生长。XPS 结果表明：生成的是纯净的 GaN 纳米线，测试中的 C、O 杂质来源于空气吸附。得出纳米线形成遵循气-液-固生长机制的结论，并对纳米线的生长机理做了简单论述。

参 考 文 献

［1］杜文华，张书练，李岩. 纳米激光器测尺中猫眼腔的优化设计［J］. 中国激光，2005，10（32）：3-6.

［2］TANG Q, CUI Y, LI Y, et al. How do surface and edge effects alter the electronic properties of GaN nanoribbons［J］. J. Phys. Chem C. , 2011, 115（5）：1724-1731.

［3］GONG X, DOGAN P, ZHANG X, et al. Atomic-scale behavior of adatoms in axial and radial growth of GaN nanowires［J］. Jpn. J. Appl. Phys. , 2014, 3（8）：085601.

［4］FU N, LI E, CUI Z, et al. The electronic properties of phosphorus-doped GaN nanowires from first-principle calculations［J］. J. Alloy. Compd. , 2014, 596：92-97.

［5］王婷. GaN、InN 纳米材料的制备与性能研究［D］. 广州：华南理工大学，2019.

［6］邢志伟. 基于电化学反应的 GaN 基纳米材料与器件研究［D］. 合肥：中国科学技术大学，2021.

［7］FAN S, FRANKLIN M G, TOMBLER T W, et al. Self-oriented regular arrays of carbon nanotubes and their field emission properties［J］. Science, 1999, 283：512.

7 制备工艺对 GaN 纳米线取向的影响

7.1 引　言

GaN 是一种优异的宽禁带半导体材料，具有良好的光电性质和热稳定性，是制作蓝、绿发光二极管，激光二极管和高温、高功率、高频器件的理想材料。随着电子器件的高度集成化和微尺度化，以纳米材料为基础的纳米电子器件成为未来器件发展的重要方向。研究低维 GaN 纳米材料的制备和物性，可以为将来制备纳米器件提供技术支持。

CVD 法[1-5] 是近年来半导体、大规模集成电路中应用比较成功的一种工艺方法。CVD 技术起源于 20 世纪 60 年代，由于其具有设备简单、容易控制、能连续稳定生产等优点，已逐渐成为一种重要的制备技术。它在铁磁材料、绝缘材料、光电材料的制备技术中是不可缺少的一种方法。

7.2　实　验　方　案

7.2.1　催化剂颗粒的制备

本章实验生长纳米线主要的生长机制为气体-液体-固体机制。这种机制离不开催化剂的催化作用，通常需要在衬底上涂上催化剂，纳米线以催化剂颗粒为成核点生长纳米线，且需将催化剂颗粒均匀地分散在衬底表面，且催化剂颗粒的大小间距要均一。选取 Pt 作为催化剂，首先在 Si(111) 抛光面上溅射一层 Pt 膜，再将喷有 Pt 薄膜的 Si 片放入管式气氛炉中进行退火。Pt 薄膜在高温下破裂，形成一个个纳米 Pt 小颗粒，这样就在 Si 衬底表面获得分散的纳米 Pt 催化颗粒。颗粒的大小及其均匀性与 Pt 的厚度、退火时间和温度有直接的关系。这就需要调节退火时间、退火温度、Pt 膜的厚度来获得催化剂处理的最佳条件。

7.2.2　GaN 纳米线的生长

目前有很多基于气-液-固机制得到 GaN 纳米线的报道。其中含有各种形貌的 GaN 纳米线，但该方法如何控制生长方向，生长方向和生长条件的关系还不明确。本章使用 CVD 法来制备 GaN 纳米线，尝试控制纳米线的生长方向，寻找生长温度和 Ga 源等对纳米线取向的影响。

在最佳催化剂处理条件下获得表面覆有 Pt 催化剂纳米颗粒的硅衬底，将衬底和 Ga 源放置在石英舟中并放入管式炉，当升温升到相应温度时，通入 NH_3 进行反应，NH_3 逐步分解为 NH_2、NH、H_2 和 N。与 Ga 源反应生成气体状态 Ga，气体状态的 Ga 由 NH_3 携带至衬底上的 Pt 颗粒处，形成 Pt-N-Ga 合金小液滴，GaN 从合金小液滴底部析出，形成 GaN 纳米线。

7.3 实验过程

7.3.1 催化剂颗粒的制备

利用 CVD 法生长 GaN 纳米线，需要金属催化剂颗粒作为成核点，而生长 GaN 纳米线对于催化剂颗粒的分布有一定的要求。催化剂颗粒需要大小一致，分布均匀。这就需要对催化剂在衬底上的分布进行处理。催化剂的处理分为 Pt 薄膜制备和 Pt 薄膜退火两步。

7.3.1.1 Pt 薄膜的制备

Pt 薄膜的制备在 JFC-1600 型溅射仪上进行。Si 片经过氢氟酸（10%）、乙醇和去离子水清洗后放在封闭靶室内，抽真空，设定合理的溅射参数，然后用铂金靶在衬底上溅射一层 Pt 薄膜。溅射薄膜的厚度主要与溅射电流和溅射时间有关，保持溅射电流（40mA）不变，只研究溅射时间对薄膜厚度的影响。

7.3.1.2 Pt 薄膜的退火

将喷有 Pt 薄膜的 Si 片放入石英舟，然后把石英舟放入管式气氛炉的恒温区。先通入 N_2 气 20min，气流流量为 300mL/min，排去管式炉中的空气。关闭 N_2 气，开启管式炉开始升温，当温度到达退火温度时，开始通入 NH_3 对 Pt 薄膜进行刻蚀。关闭 NH_3 后再通入 5min N_2 气排除管式炉中剩余的 NH_3，以便停止刻蚀，自然冷却降至室温，这样即可成功制备 Pt 催化剂纳米颗粒。对制备的 Pt 颗粒进行 SEM 表征可观察颗粒形貌。

影响 Pt 颗粒形貌的 3 个主要因素包括：Pt 膜刻蚀温度；Pt 膜刻蚀时间；Pt 薄膜的厚度。调节工艺条件（见表 7-1）进行实验，从而调节 Pt 颗粒形貌。对于最佳工艺的确定，先保持某些实验参数不变，只改变一个参数来获得 Pt 颗粒，并将其表征结果进行对比分析，得出最佳实验工艺条件。

表 7-1　确定 **Pt** 膜刻蚀最佳工艺条件实验

刻蚀温度/℃	刻蚀时间/min	喷金时间/s
900	15	400
1000	15	400
1100	15	400
1000	5	400
1000	10	400
1000	20	240
1000	10	120
1000	10	80

7.3.1.3　确定 Pt 膜刻蚀的最佳工艺条件实验

A　不同刻蚀温度对比试验

Pt 膜厚度一定，设置溅射时间为 400s，设置电流参数为 40mA。刻蚀时间一定，改变刻蚀温度分别为 900℃、1000℃ 和 1100℃，对实验结果进行 SEM 表征，对比分析，确定最佳的刻蚀温度。把喷有 Pt 薄膜的 Si 片平放入石英舟，石英舟放置在管式炉恒温区。通入 N_2 排出炉管中的空气。开启管式炉，升温至刻蚀温度后，通入 100mL/min NH_3 气并保持 15min。关闭 NH_3 气通入 5min N_2 排除管式炉中 NH_3，最后自然冷却至室温。

对得到的 3 个样品进行 SEM 表征，结果如图 7-1 所示。

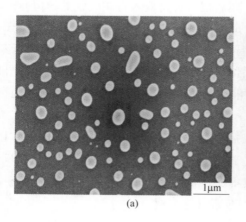
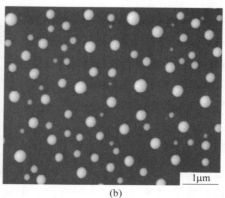

(a)　　　　　　　　　　　　　　　(b)

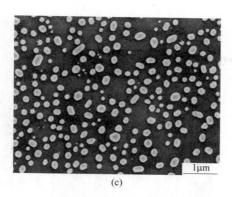

(c)

图 7-1 不同刻蚀温度下获得 Pt 颗粒形貌

（a）900℃；（b）1000℃；（c）1100℃

由图 7-1 可见，经刻蚀后，Pt 膜破裂成小金属颗粒分布在 Si 衬底表面。图 7-1（a）和（b）对比可知，Pt 颗粒随着温度的升高而变小，颗粒密度也变大。原因可能是温度越高，氨离子获得的动能越高，NH_3 对 Pt 薄膜的刻蚀能力越强。图 7-1（b）中刻蚀温度 1000℃下得到的 Pt 催化剂纳米颗粒边缘圆滑，大小相近、分布均匀、单位面积上的纳米颗粒很多即单位面积密度较大。由图 7-1（c）中可见，当温度的升高到 1100℃时，Pt 原子获得了更高的动能，Pt 颗粒的团聚能力也随之增强，即 Pt 颗粒凝聚成直径较大的颗粒。对比 3 个温度下金属颗粒的分布情况，确定 1000℃为最佳的刻蚀温度。

B 不同刻蚀时间对比试验

在不同刻蚀温度对比试验中获得最佳刻蚀温度的基础上，保持刻蚀温度和喷金时间不变，改变刻蚀时间，分别以 5min、10min 和 15min 来刻蚀 Pt 薄膜。并对得到的 3 个样品进行 SEM 表征，结果如图 7-2 所示。

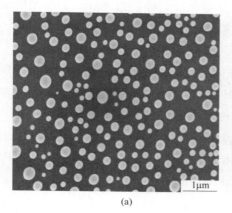

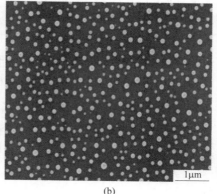

(a)   (b)

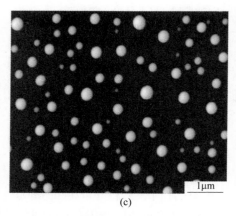

(c)

图 7-2 不同刻蚀时间下获得 Pt 颗粒形貌

(a) 5min；(b) 10min；(c) 15min

从图 7-2 中可以看出，刻蚀时间为 10min 的 Pt 颗粒的平均直径最小且颗粒分布的密度大。在对 Pt 薄膜进行刻蚀时，随着温度的升高 Pt 薄膜断裂，断裂的薄膜团聚和收缩成小岛，随着时间的延长，大的岛状变成几个小的岛状，最终分裂成更小的纳米颗粒。对比图 7-2 (a) 和 (b) 可见，随着时间增加，大颗粒分裂成小颗粒。所以图 7-2 (b) 比 (a) 中的颗粒平均直径小。随着刻蚀时间的延长，Pt 颗粒会重新吸附周围被 NH_3 刻蚀出来的微小颗粒，慢慢变大。所以图 7-2 (c) 中的颗粒平均直径比较大，所以选择合适的刻蚀时间对 Pt 颗粒影响很大。通过不同刻蚀时间对比试验获得最佳的刻蚀时间为 10min。

C 不同溅射时间对比试验

取最佳的刻蚀时间、刻蚀温度，改变喷金时间分别以 400s、240s、120s 和 80s 溅射 Pt 薄膜，把喷有不同厚度 Pt 薄膜的 Si 片进行刻蚀获得催化剂颗粒，并对得到的 4 个样品进行 SEM 表征（见图 7-3）。

由图 7-3 可知，当刻蚀温度和刻蚀时间一定时，随着溅射的时间缩短，所得到的颗粒变小，密度变大。由于单位面积上的颗粒密度和颗粒直径与薄膜的厚度有着直接关系，对于质量一定的薄膜，密度大时，单个颗粒的体积就会小。因此，合适的溅射时间对形成的 Pt 颗粒大小有重要影响。

通过 4 组试验的对比，找到处理催化剂的最佳条件，当刻蚀温度为 1000℃、刻蚀时间为 10min、喷金时间为 80s 时，衬底所获得催化剂颗粒的分布均匀，大小一致。

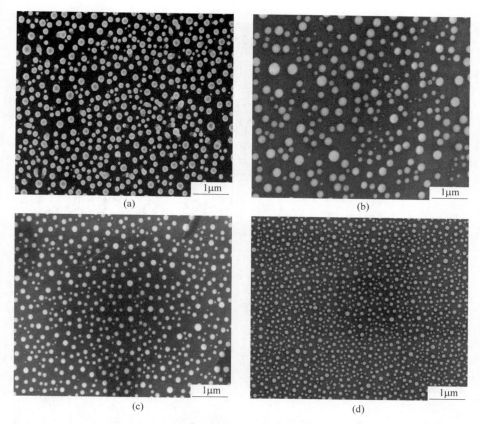

图 7-3 不同溅射时间所得的 Pt 颗粒形貌

（a）400s；（b）240s；（c）120s；（d）80s

7.3.2 GaN 纳米线的生长

CVD 法生长 GaN 纳米线的实验主要是通过气-液-固机制来实现的。而对于纳米线直径、长度、取向和生长位置等形貌的控制，又与生长温度、气体流量、源材料等有关。本节分别从生长温度和源材料两个方面出发，研究这两个因素对纳米线取向的影响。

实验在第 7.2 节介绍过的管式气氛炉中进行。将 Ga 源和衬底置于石英舟中，衬底与 Ga 源距离为 3cm，再将石英舟放在管式炉的中间恒温区，先通入 300mL/min 的 N_2 排除管式炉中的空气，通气通入 20min 后关闭 N_2。开启管式炉开始升温，当温度达到生长温度时，通入 NH_3 和载气 Ar，保持生长温度 20min，通入 N_2 排出炉管中剩余的 NH_3 停止生长并降温，温度降到 700℃时保持 20min 退火，然后降至室温。对制得的纳米线进行 SEM、TEM、XRD 表征和分析。并对样品进行场发射测试，研究其场发射性能。

7.4　实验结果及分析

7.4.1　温度对纳米线取向的影响

以 Ga_2O_3 作为 Ga 源，分别以 900℃和 1050℃来生长 GaN 纳米线，制得纳米线。制备出的 Si 片表面可见淡黄色薄膜，对制备出的纳米线进行 SEM 表征（见图 7-4）。观察衬底表面纳米结构形貌。

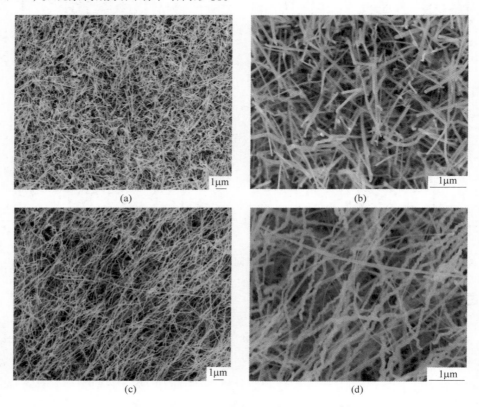

图 7-4　不同温度下生长两个 GaN 纳米线的 SEM 图

（a）（b）900℃；（c）（d）1050℃

根据图 7-4 可知在 Si 衬底上观察到大量 GaN 纳米线或纳米棒。在 900℃下生长的纳米线表面光滑，粗细均匀，直径为 100nm 左右，长度为 0.9～1.2μm。在图 7-4（b）的高倍率 SEM 中，纳米线端部都可以观察到圆球颗粒存在。这表明了纳米线的生长遵循气-液-固机制。纳米线的生长方向与衬底成一定的角度，这个发现对研究纳米线的取向非常重要。在 1050℃高温下有大量长纳米线，长度可达 7μm 以上，比低温下生长的纳米线长得多，这可能是因为温度较高时，NH₃ 分子活性强，分解速率快。可以观察到纳米线平铺在衬底表面，粗细不均匀，具有两种形貌的纳米线：一种直径较小，为 100nm 左右的细直纳米线，纳米线表面比较光滑；另一种纳米线的直径较粗，可达 400nm 左右，呈锯齿状，表面比较粗糙。在高温时，分散的催化剂颗粒可能会发生再次融合，形成较大的催化剂颗粒，不同大小的催化剂颗粒生长出两种形貌的纳米线。而在低温时，由于温度较低，催化剂颗粒不会发生再次融合，生长粗细均匀的纳米线。

对制备出的纳米线进行 XRD 测试观察其结晶性，结果如图 7-5 所示。

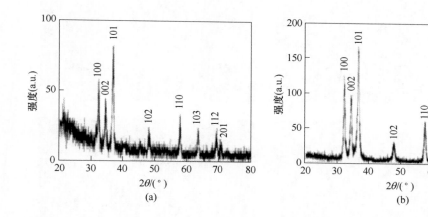

图 7-5　GaN 纳米线的 XRD 图

（a）900℃；（b）1050℃

在图 7-5 中，$2\theta = 32.2°$、$34.4°$、$36.7°$ 和 $48.0°$ 处都有明显的衍射峰，这些衍射峰与晶格常数为 $a = 0.3186$nm 和 $c = 0.5178$nm 的六方纤锌矿 GaN 相应衍射面的米勒指数对应一致，这些峰值与标准峰值谱图上的 GaN 相应的衍射峰能够很好地符合。从而可以肯定两个样品中存在六方纤锌矿结构的 GaN 晶体。在高温下衍射峰比相应低温下的衍射峰高，这说明高温下生长的 GaN 纳米线比低温下生长的纳米线结晶性好。

通过在 900℃、1050℃ 两个温度下生长的纳米线的形貌和 XRD 图谱对比可以发现：其他条件相同情况下，低温下生长的纳米线长度较短，纳米线粗细均匀、表面光滑，生长方向与衬底有一定的夹角，但结晶性比较差。生长温度高时，纳米线的长度过长而平铺在衬底上，纳米线的取向与衬底平行，纳米线的直径不均匀，表面比较粗糙。

7.4.2　不同 Ga 源制备对纳米线取向的影响

控制生长温度为 1050℃，分别采用 Ga_2O_3 粉末和 GaN 粉末作为 Ga 源制得 GaN 纳米线，对制备出的 GaN 纳米线进行 SEM 表征（见图 7-6）。观察衬底表面纳米结构形貌。

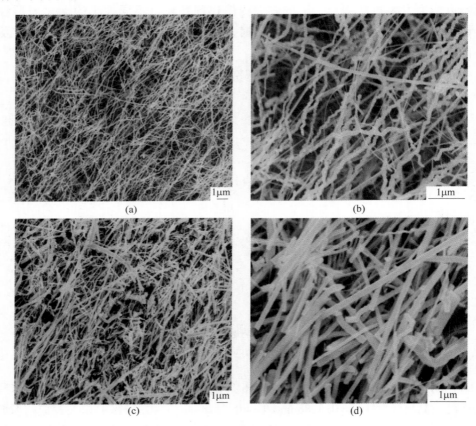

图 7-6　不同 Ga 源下生长的 SEM 图
(a)(b) Ga_2O_3；(c)(d) GaN

从图 7-6 中可以观察到两个纳米线的取向都与衬底平行，平铺在衬底表面。GaN 作为 Ga 源生长的纳米线直径较粗，表面光滑且平铺方向比较一致，纳米线交缠少。而 Ga_2O_3 粉末作为 Ga 源生长的纳米线交错地叠加在一起。Ga_2O_3 粉末作为 Ga 源生长的纳米线的密度大、粗细均匀，GaN 作为 Ga 源生长的纳米线的直径范围大且平均直径比前者大。从图 7-6（b）和（d）的高倍率 SEM 图中可以进一步观察纳米线的表面形态，图 7-6（d）中的纳米线比较光滑笔直，而

图 7-6 (b) 中出现表面弯曲的纳米线。

从图 7-7 (a) 和 (b) 的 XRD 图中都可以明显地看出,纳米线衍射峰的峰值位置与标准衍射峰谱的 GaN 相应的衍射峰能够很好地符合。由此可以肯定,两个纳米线中都存在六方纤锌矿结构的 GaN 晶体。图 7-7 (a) 中的峰宽要比图 7-7 (b) 中的宽,从谢勒公式可知,一般峰宽越宽,颗粒直径越小,这与 SEM 图中观察到的相一致。图 7-7 (a) 的各个衍射峰比图 7-7 (b) 的峰强度大,所以使用 GaN 为 Ga 源生长的纳米线结晶性好。

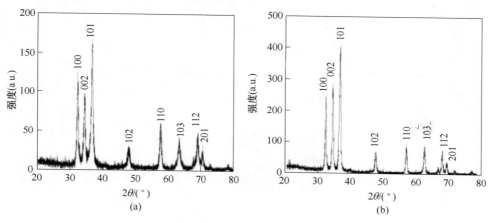

图 7-7 GaN 纳米线的 XRD 图

(a) Ga_2O_3; (b) GaN

当生长温度都为 1050℃高温时,纳米线生长过长,平铺在衬底表面,用 GaN 粉末生长的纳米线交缠少,平铺方向比较一致,与 Ga_2O_3 粉末生长的纳米线相比,较直,表面光滑,结晶性好。

7.4.3 纳米线的取向对场发射的影响

上述实验中,在衬底表面获得大量的纳米线,且纳米线的密度较大,构成了纳米线膜。不同条件下所获得的纳米线取向不同,从而纳米线膜的形貌有所不同,对其进行了场发射测试。

场发射测试采用二极式结构,将制备的纳米线作为阴极,ITO 导电玻璃作为阳极。阳极用一个圆柱形探针固定,阳极和阴极之间采用绝缘的聚四氟乙烯隔离,因此相应的聚四氟乙烯的厚度(120μm)即为电极间距。测量时,探针与衬底紧密接触,放下金属钟罩,抽真空,当真空度达到 3×10^{-4} Pa,电极间施加电压,记录发射电流随着外加电压的变化而发生的变化。正式记录数据前先测量两次,为了进行老炼处理,以得到稳定的场发射电压-

电流特性曲线。减去电源系统中保护电阻的压降，得到测试样品的 *I-U* 曲线。计入参与场发射样品的有效面积和电极距离得到的电流密度和电场强度特性曲线（*J-E*）如图 7-8 所示。

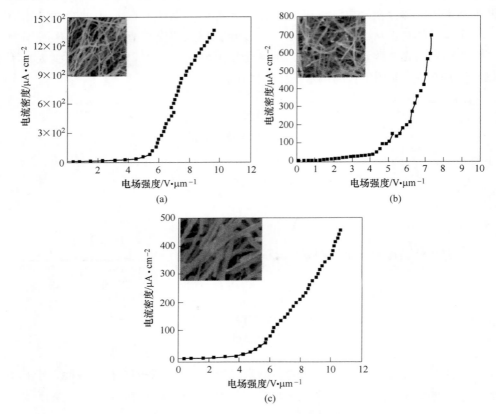

图 7-8　GaN 纳米线的场发射 *J-E* 曲线

（a）Ga_2O_3 粉末作为 Ga 源，900℃；（b）Ga_2O_3 粉末作为 Ga 源，1050℃；

（c）GaN 粉末作为 Ga 源，1050℃

　　所制备的 GaN 纳米线膜开启场强分别为 4.5V/μm、5.5V/μm 和 6.2V/μm。从图 7-9 拟合计算得到 3 个曲线的斜率为 $\beta=1549$、$\beta=1343$ 和 $\beta=836$。增加因子 β 是由纵宽比和材料的几何形状来决定的。一定范围直径的纳米线交替叠加在一起使得开启场强为 4.5V/μm 的纵宽比不是一个固定值，而是有一个范围的。当纳米线与衬底有一定夹角时，所构成的纳米线膜具有较好的场发射特性和较小的开启电场。当纳米线都平铺在衬底表面时，场发射特性能主要取决于纳米线的粗细均匀程度和取向的一致性。

　　本章通过控制 GaN 纳米线的工艺条件，进而调节 Pt 颗粒形貌，并通过表征

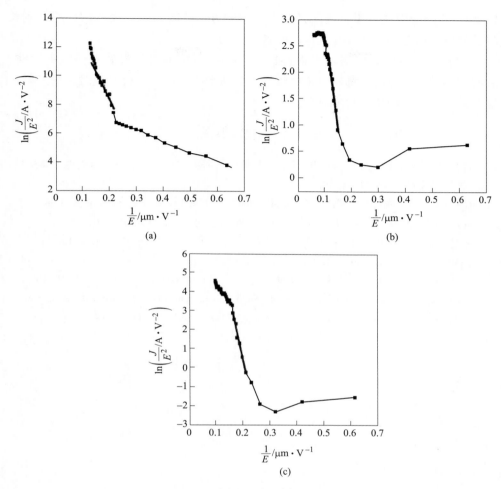

图 7-9　GaN 纳米线的场发射 F-N 图

（a）4.5V/μm；（b）5.5V/μm；（c）6.2V/μm

对比，得出最佳实验条件，主要结论如下：

（1）在 Si 衬底上制备了 Pt 催化剂纳米颗粒。通过实验对比，确定了在 Si 衬底上制备 Pt 催化剂纳米颗粒的最佳工艺条件。即刻蚀温度为 1000℃ ，刻蚀时间为 10min，喷金时间为 80s，可为生长 GaN 纳米线提供良好的催化剂处理条件。

（2）利用 CVD 法在有 Pt 催化剂纳米颗粒的 Si 衬底上制备了取向 GaN 纳米线。并对样品进行了 SEM、XRD 表征，结果表明：所制备的纳米线为六方纤锌矿结构。研究了生长温度对 GaN 纳米线取向的影响，低温生长纳米线的取向与衬底呈一定的夹角。高温生长纳米线的取向与衬底平行，平铺在衬底表面。

（3）分别用 Ga_2O_3 和 GaN 粉末作为 Ga 源生长 GaN 纳米线，发现 GaN 作为

Ga 源生长的纳米线较粗,表面光滑,平铺的方向比较一致。而 Ga₂O₃ 粉末生长的纳米线交错地叠加在一起且呈弯曲状。

(4) 纳米线的取向对场发射性能有影响。当纳米线与衬底有一定夹角时,具有较小的开启电场,场发射特性较好。当纳米线都平铺在衬底上时,场发射性能与纳米线的粗细均匀程度有关。

参 考 文 献

[1] 郎佳红,顾彪,刁徐茵,等. GaN 基半导体材料研究进展 [J]. 激光与光电子学进展,2003,3 (40):45-49.

[2] GONG X, DOGAN P, ZHANG X, et al. Atomic-scale behavior of adatoms in axial and radial growth of GaN nanowires [J]. Jpn. J. Appl. Phys. , 2014, 3 (8):085601.

[3] 王婷. GaN、InN 纳米材料的制备与性能研究 [D]. 广州:华南理工大学,2019.

[4] KIM T Y, LEE S H, MO Y H, et al. Growth of GaN nanowires on Si substrate using Ni catalyst in vertical chemical vapor deposition reactor [J]. J. Cryst. Growth. , 2003, 257:97-103.

[5] CHOI Y, MICHAN M, JASON L J, et al. Field-emission properties of individual GaN nanowires grown by chemical vapor deposition [J]. J. Appl. Phys. , 2012, 111 (4):044308.

8 竹叶形 GaN 纳米线的制备

8.1 引　　言

GaN 是第三代宽带隙半导体材料的代表[1-6]，是制作发光二极管、激光器[7]、探测器和高温、高功率、高频器件的理想材料，是化合物半导体材料研究的热点。本章采用 CVD 法，在 Si 衬底上使用 Pt 作为催化剂，在不同的氨化温度、NH_3 流量和氨化时间下，制备 GaN 纳米结构，研究氨化温度、NH_3 流量和氨化时间对 GaN 纳米结构形貌的影响。

8.2　实 验 过 程

采用 CVD 法，以 Ga_2O_3 为 Ga 源，以 NH_3 气为 N 源，使用 Pt 作为催化剂，在高温管式炉中制备 GaN 纳米结构。称取 0.3g Ga_2O_3 粉末，经过充分的研磨后，放入石英舟中。同时把覆盖有 Pt 催化剂纳米颗粒的 Si 衬底放置在距氧化 Ga 源 2cm 的气流下游处，然后把石英舟放在高温管式炉的中间恒温区位置。以流量为 200mL/min 的 N_2 气排除石英管中的空气，通 20min 后，关闭 N_2 气。高温管式炉开始从室温以 10℃/min 的速率升至生长温度，同时通入 NH_3 气，保持一段时间，然后关闭 NH_3 气，自然冷却至室温，最后从石英管中取出 GaN 纳米结构。

8.3　结果与分析

8.3.1　氨化温度对 GaN 纳米线形貌的影响

在不同的生长温度（1050℃、1150℃）条件下，通入流量为 100mL/min 的 NH_3，氨化 30min，制备了两个 GaN 纳米结构。

8.3.1.1　不同氨化温度的 SEM 图

图 8-1 是不同温度下生长的 GaN 纳米结构的 SEM 图，可以看到大量的片状

GaN 纳米结构，由于它的外形酷似竹叶，所以称其为竹叶形 GaN 纳米结构。图 8-1（a）中，竹叶形 GaN 纳米结构的宽度为 200~500nm，长度都在 2~4μm 之间，并且竹叶形 GaN 纳米结构不但分布均匀，而且比较密集，图 8-1（b）也可以看到大量的竹叶形 GaN 纳米结构，它们的宽度为 1~3μm，长度基本都在 3μm 以上，最长可以达到 9μm 左右。图 8-1（b）的竹叶形 GaN 纳米结构的长度和宽度明显比图 8-1（a）中的要大，这是由于温度较高时，源材料的裂解速度加快，所以 1150℃下的竹叶形 GaN 纳米结构的长度和宽度比 1050℃下的大。

图 8-1　不同温度条件下生长的 GaN 纳米结构 SEM 图像

（a）（b）1050℃；（c）（d）1150℃

8.3.1.2　不同氨化温度的 XRD 图

图 8-2 是不同温度竹叶形 GaN 纳米结构的 XRD 衍射峰，从图 8-2（a）和（b）中分别可以看到 GaN 纳米结构的主要衍射峰为（100）（002）（101）（102）（110）（103）和（112），这和六方纤锌矿 GaN 标准卡（JCPDS：50-0792）一致，晶格常数 $a = 0.318$nm，$c = 0.518$nm，说明氨化反应生成的产物是六方纤

锌矿结构的 GaN 晶体。从图 8-2 中可知，竹叶形 GaN 纳米结构在 1150℃下，衍射峰相对强度高，结晶性较好。

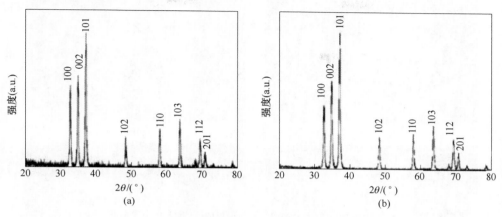

图 8-2　不同温度下制备 GaN 纳米结构的 XRD 图谱

(a) 1050℃；(b) 1150℃

8.3.2　NH₃ 流量对 GaN 纳米线形貌的影响

在 1050℃下，通入不同流量（50mL/min、100mL/min）的 NH_3，氨化 30min，制备了两个 GaN 纳米结构。

8.3.2.1　不同 NH_3 流量的 SEM 图

图 8-3 是不同 NH_3 流量的 SEM 图。从图 8-3（a）中可以看到大量光滑平直的 GaN 纳米线，纳米线的直径为 $100\sim400nm$，图 8-3（c）展现了大量竹叶形 GaN 纳米结构，竹叶形纳米结构的长度为 $2\sim4\mu m$、宽度为 $200\sim500nm$，比较两图，图 8-3（c）中出现了竹叶形 GaN 纳米结构，而图 8-3（a）却制备出了 GaN 纳米线，说明制备竹叶形 GaN 纳米结构需要达到一定的气体过饱和度，因为在气相生长机制中，反应气体的过饱和度是影响产物形貌的重要因素，随着过饱和度的增加，晶体的生长依次呈现出一维纤维状纳米结构、二维片状、三维块体和球状纳米颗粒形貌。

8.3.2.2　不同 NH_3 流量的 XRD 图

图 8-4 是不同 NH_3 流量竹叶形 GaN 纳米结构的 XRD 图。从图 8-4 可以看到 GaN 纳米结构的主要衍射峰（100）（002）（101）（102）（110）（103）和（112），这和六方纤锌矿 GaN 标准卡（JCPDS：50-0792）一致，晶格常数 $a = 0.318nm$，$c =$

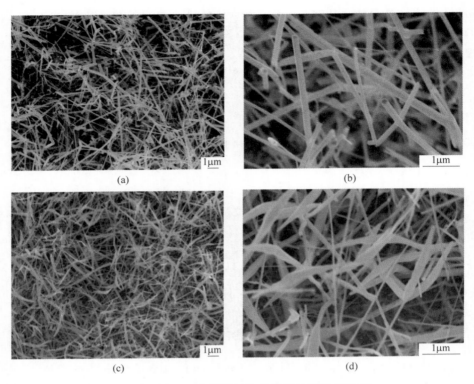

图 8-3　不同 NH₃ 流量制备 GaN 纳米结构的 SEM 图

（a）（b）50mL／min；（c）（d）100mL／min

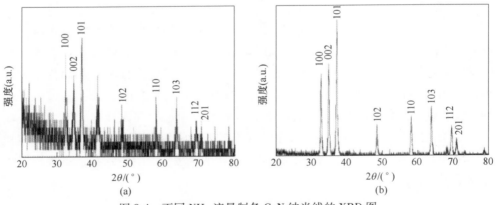

图 8-4　不同 NH₃ 流量制备 GaN 纳米线的 XRD 图

（a）50mL／min；（b）100mL／min

0.518nm，说明氨化反应生成的产物是六方纤锌矿结构的 GaN 晶体。从图 8-4 中可知，NH₃ 流量为 100mL／min 时，衍射峰的相对强度增大，竹叶形 GaN 纳米结构的结晶性比较好。

8.3.3 氨化时间对 GaN 纳米线形貌的影响

在 1050℃ 下，通入流量为 100mL/min 的 NH$_3$，氨化不同时间（15min、30min），制备了两个 GaN 纳米结构。

8.3.3.1 不同氨化时间的 SEM 图

图 8-5 是不同氨化时间的 SEM 图，可以看到大量的竹叶形 GaN 纳米结构。图 8-5（a）中，竹叶形 GaN 纳米结构的长度都在 1.5~3.5μm 之间、宽度为 150~400nm。图 8-5（c）中，竹叶形 GaN 纳米结构的长度都在 2~4μm 之间、宽度为 200~500nm，图中竹叶形 GaN 纳米结构较大，这是因为随着时间的延续，源材料的输运在不断地继续，氨化反应在持续地进行，所以竹叶形 GaN 纳米结构就会不断地增大。

图 8-5 不同氨化时间制备 GaN 纳米结构的 SEM 图像

（a）（b）15min；（c）（d）30min

8.3.3.2 不同氨化时间的 XRD 图

图 8-6 是不同氨化时间竹叶形 GaN 纳米结构的 XRD 衍射峰，从图中分别可以看到 GaN 纳米结构的主要衍射峰（100）（002）（101）（102）（110）（103）和（112），这和六方纤锌矿 GaN 标准卡（JCPDS：50-0792）一致，晶格常数 $a = 0.318nm$，$c = 0.518nm$，说明氨化反应生成的产物是六方纤锌矿结构的 GaN 晶体。从图 8-6 中可知，氨化时间为 30min 时，衍射峰的相对强度增大，竹叶形 GaN 纳米结构的结晶性比较好。

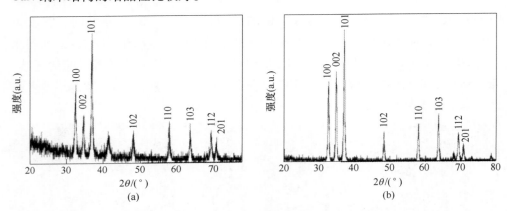

图 8-6 不同氨化时间制备 GaN 纳米线的 XRD 图谱

（a）15min；（b）30min

本章利用 CVD 法，研究生长条件对 GaN 纳米结构形貌的影响，在不同的氨化温度、NH_3 流量和氨化时间下，制得竹叶形 GaN 纳米结构。对制得的竹叶形 GaN 纳米结构进行 SEM 和 XRD 表征，得出结论如下：

（1）氨化温度对竹叶形 GaN 纳米结构形貌的影响。当氨化温度为 1150℃ 时，竹叶形 GaN 纳米结构的长度和宽度变大、结晶性增强。通过 SEM 分析可知，1050℃ 时竹叶形 GaN 纳米结构的宽度都在 200~500nm 之间、长度都在 2~4μm 之间；1150℃ 时竹叶形 GaN 纳米结构的宽度都在 1~3μm 之间、长度基本都在 3μm 以上，最长可以达到 9μm 左右，1150℃ 时的竹叶形 GaN 纳米结构的长度和宽度明显比 1050℃ 时的要大，这是由于温度较高时，源材料的裂解速度加快，所以生成的竹叶形 GaN 纳米结构的长度和宽度比低温时的大。通过 XRD 分析，1150℃ 时的衍射峰强度比 1050℃ 时的大，说明氨化温度为 1150℃ 时，竹叶形 GaN 纳米结构的结晶性较好。

（2）NH_3 流量对竹叶形 GaN 结构形貌的影响。制备竹叶形 GaN 纳米结构需要达到一定的气体过饱和度，当 NH_3 流量为 100mL/min 时，结晶性较好。通过

SEM 分析可知，50mL/min 时制备出大量平直光滑的 GaN 纳米线，而在 100mL/min 时制备出大量竹叶形 GaN 纳米结构，因为在气相生长机制中，反应气体的过饱和度是影响产物形貌的重要因素，随着过饱和度的增加，晶体的生长依次呈现出一维纤维状纳米结构、二维片状、三维块体和球状纳米颗粒形貌。通过 XRD 分析可知，氨化反应生成的产物是六方纤锌矿结构的 GaN 晶体，NH_3 流量为 100mL/min 时，竹叶形 GaN 纳米结构的结晶性较好。

（3）氨化时间对竹叶形 GaN 纳米结构形貌的影响。当氨化时间为 30min 时，竹叶形 GaN 纳米结构的尺寸变大、结晶性较好。通过 SEM 分析，氨化时间为 15min 时，竹叶形 GaN 纳米结构的长度都在 1.5~3.5μm 之间、宽度都在 150~400nm 之间；氨化时间为 30min 时，竹叶形 GaN 纳米结构的长度都在 2~4μm 之间、宽度都在 200~500nm 之间，氨化时间为 30min 时的竹叶形 GaN 纳米结构较大，这是因为随着时间的延续，源材料的输运在不断地继续，氨化反应在持续地进行，所以竹叶形 GaN 纳米结构就会不断地增大。通过 XRD 分析可知，氨化时间为 30min 时，衍射峰的相对强度更大，竹叶形 GaN 纳米结构的结晶性较好。

参 考 文 献

[1] LEE S M, LEE Y H, WANG Y G, et al. Stability and electronic structure of GaN nanotube from density functional calculations [J]. Phys. Rev. B., 1999, 60 (11): 7788-7791.

[2] WANG Q, SUN Q, JENA P. Ferromagnetism in Mn-doped GaN nanowires [J]. Phys. Rev. Lett., 2005, 95 (16): 167202.

[3] WU R Q, PENG G W, LIU L, et al. Cu-doped GaN: A dilute magnetic semiconductor from first-principles study [J]. Appl. Phys. Lett., 2006, 89 (6): 062505.

[4] WANG Z, ZU X, GAO F, et al. Atomistic study of the melting behavior of single crystalline wurtzite gallium nitride nanowires [J]. J. Mater. Res., 2007, 22 (3): 742-747.

[5] FANG D Q, ROSA A L, FRAUENHEIM T, et al. Band gap engineering of GaN nanowires by surface functionalization [J]. Appl. Phys. Lett., 2009, 94 (7): 073116.

[6] WANG Z, ZHANG C, LI J, et al. First principles study of electronic properties of gallium nitride nanowires grown along different crystal directions [J]. Comput. Mater. Sci., 2010, 50 (2): 344-348.

[7] 杜文华，张书练，李岩. 纳米激光器测尺中猫眼腔的优化设计 [J]. 中国激光, 2005, 10 (32): 3-6.

9 BN 包覆 GaN 复合纳米线的制备

9.1 引　言

高速发展的电子信息产业助推了微电子技术进步。其中一维纳米半导体材料因其独特结构表现出异于块体材料的物理化学性能成为关注热点。随着科研不断深入，设计兼具两种材料特性的一维异质结构的新思路促进了大量新型材料的诞生。核壳纳米线正是非常理想的材料，展现出优于单一材料的光电磁热等多功能化的特征，是复合材料领域中一种重要的研发趋势。GaN、BN 作为Ⅲ族氮化物的代表，是发展新一代发光照明、探测等光电器件的基础材料，两种材料的结合为纳米材料的应用提供了广阔的空间，在光电子、微电子、新能源领域具有重要的应用潜力。因此本章围绕 GaN/BN 核壳结构纳米线展开叙述。

近年来，氢化物外延法、CVD 法、MOCVD 法、溶胶法等技术先后应用于制备高质量 GaN 纳米线，而 BN 纳米线的制备方法也是多种多样，比如溶胶法、气-固合成法、溅射法、CVD 法等。鉴于现有的实验设备和对各种实验技术原理的深入了解，本章选择 CVD 法采用二步法（二次生长）来制备 BN 包覆 GaN 纳米线复合结构，不仅因为利用 CVD 法制备的半导体纳米材料的形貌可控性强（生长参数、生长气氛、源的选取），而且利用 CVD 法制备的晶体质量高。

9.2 实验原料

实验室制备 BN 包覆 GaN 纳米线复合结构的所有化学试剂药品见表 9-1。该实验以 Pt 为催化剂；以 Ga_2O_3 为 Ga 源、NH_3 为 N 源生成 GaN 纳米线；以 B 粉和 B_2O_3 为 B 源、NH_3 为 N 源生成 BN 材料；C 粉作为还原剂；硝酸铁与尿素用于合成中间体；浓硝酸、浓盐酸、浓硫酸、浓氨水、酒精、氢氟酸、双氧水、去离子水等作为清洗 Si 衬底的溶液，为纳米线的制备提供基础。

表 9-1 实验原料

药品名称	化学式	成分
氧化镓	Ga_2O_3	99.999%
硼粉	B	化学纯
氧化硼	B_2O_3	化学纯
尿素	$CO(CH_2)_2$	99.999%
九水合硝酸铁	$Fe(NO_3)_3 \cdot 9H_2O$	99.999%
氨气	NH_3	99.99%
氮气	N_2	99.999%
浓硫酸	H_2SO_4	分析纯
浓盐酸	HCl	分析纯
去离子水	H_2O	化学纯
酒精	C_2H_5OH	分析纯
浓氨水	$NH_3 \cdot H_2O$	分析纯

9.3 实 验 过 程

该实验的过程分为三步,第一步是 Si 衬底的准备,分为切割、清洗、喷金及退火 4 个部分,而中间体制备,分为溶解、水浴、干燥及碾磨 4 个部分。第二步是使用自动控温管式炉,采用 CVD 法,以 Ga_2O_3 为 Ga 源、NH_3 为 N 源,在已经制备好的 Si 衬底上制备一维 GaN 纳米线,然后以 B 粉和 B_2O_3 为 B 源、NH_3 为 N 源,继续采用 CVD 法进行二次生长,在制备好的 GaN 纳米线周围生长 BN 材料。第三步是对样品进行表征分析,主要有 XRD、SEM 和 EDS 表征。

9.3.1 Si 衬底的准备

Si 衬底的准备分为 4 个步骤:

(1)切割。实验中所使用的衬底是(111)方向的单晶 Si 衬底,鉴于高温管式炉管口直径等条件限制,需要将 Si 原片切割为 2cm×1cm 大小的矩形。

(2)清洗。对切割好的 Si 片进行化学清洗,去除其表面的无机物、有机物及氧化物等:首先将 Si 片置于 5mL H_2SO_4(分析纯)和 5mL H_2O_2(分析纯)的混合溶液中,使用酒精灯煮沸 20min,并用蒸馏水清洗数次以除去 Si 片表面的蜡;

接着配制 5mL $NH_3 \cdot H_2O$（分析纯）、5mL H_2O_2（分析纯）和 30mL 蒸馏水的混合溶液，将 Si 片置于混合溶液中加热至 85℃，保持 15min，使用蒸馏水清洗数次以除去 Si 片表面的有机物；再将 Si 片置于到含有 10% HF（分析纯）的溶液中，保持 1min，使用蒸馏水冲洗数次以除去 Si 片表面的氧化物；最后再配制 5mL H_2O_2（分析纯）、5mL HCl（分析纯）和 30mL 蒸馏水的混合溶液，将 Si 片置于混合溶液中加热至 80℃，保持 15min，使用蒸馏水冲洗数次以除去 Si 片表面的无化物。

（3）喷金。通过 JFC-1600 型自动精细溅射镀膜仪，在清洗好的 Si 衬底上溅射 Pt 薄膜，溅射时间为 50s，溅射电流为 30mA。

（4）退火。为了得到具有均匀的 Pt 催化剂颗粒的 Si 衬底，将溅射有 Pt 薄膜的 Si(111) 衬底放置于石英舟中，在 GSL 1500X 型真空管式高温烧结炉的恒温区对其退火。参数设置为刻蚀温度 1000℃，NH_3 流量 100mL/min，刻蚀时间 20min，之后在 Si 衬底上得到大小合适、分布均匀的 Pt 催化剂颗粒。

9.3.2　GaN 纳米线的制备

采用 CVD 法，使用前述退火后的 Si 片作为衬底，以高纯 Ga_2O_3 粉（99.999%）和 NH_3（99.99%）作为起始反应原料，在高温管式炉中制备 GaN 纳米线。首先将覆盖有 Pt 纳米颗粒的 Si 衬底放入石英舟中，然后将石英舟置于管式电阻炉的中间，其次用电子天平称取 0.08g Ga_2O_3 粉末，将粉末放到距离 Si 衬底 1cm 处，处于气体的上游，最后密闭管式电阻炉。该实验采用智能控温程序，在升温前，先通入 350mL/min 的 N_2 气体 30min 以排除管式电阻炉内空气，然后打开程序，以 10℃/min 的速率升温至 1040℃时，通入 250mL/min 的 NH_3，氨化时间为 30min，反应结束后降温至 750℃再保持 15min，然后关闭电源和气体，等待降至室温后取出，在 Si 衬底上会得到所需要的 GaN 纳米线薄膜。纳米线生长过程可以简单描述如下：高温情况下，NH_3 分解产生 H_2，H_2 还原 Ga_2O_3 生成中间产物 Ga_2O 和少量金属 Ga，Ga_2O 和 Ga 在高温下蒸发成气态，气态的 Ga_2O、Ga 会随着 NH_3 气流运动到衬底上进入 Pt 液滴中，在 Pt 液滴中 Ga_2O 和 Ga 与 NH_3 反应生成 GaN，随着 GaN 量的增加，从 Pt 液滴中饱和析出形成 GaN 晶核，依托初始晶核，并且受到催化剂颗粒大小的束缚，GaN 以一定的晶向生长成纳米线。整个过程涉及的主要化学反应如下：

$$2NH_3(g) \longrightarrow N_2(g) + 3H_2(g) \tag{9-1}$$

$$Ga_2O_3 + 2H_2(g) \longrightarrow Ga_2O(g) + 2H_2O(g) \tag{9-2}$$

$$Ga_2O(g) + 2NH_3(g) \longrightarrow 2GaN(s) + 2H_2(g) + H_2O(g) \tag{9-3}$$

由图 9-1（a）GaN 纳米线的 3k 倍率的 SEM 图可以看到，纳米线比较细直，密度不是很大,分布比较不均匀,直径为 160~210nm,长度为 4~16μm,同时还发现部分块状结晶物夹杂在纳米线薄膜中,进一步放大观察倍率观察样品如图 9-1(b)所示,从中可以看到在纳米线的顶端有 Pt 催化剂颗粒,这确定了 GaN 纳米线是遵循气-液-固机制生长的;进一步发现在图 9-1(a)中观察到的块状结晶物是由不同纳米线的顶端交聚形成的,其原因分析如下:由于衬底上制备的 Pt 催化剂颗粒在高温下发生再次融合团聚,形成较大的催化剂颗粒,这样不同大小的催化剂颗粒就会生长出直径大小不一的纳米线,而不同直径纳米线的顶端交聚形成块状结晶。

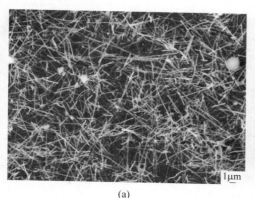

图 9-1　GaN 纳米线不同放大倍率的 SEM 图

(a)3 千倍放大倍数;(b)2 万倍放大倍数

9.3.3　不同前驱体制备 BN 包覆 GaN 复合纳米线

国内外对于 BN 纳米线及 BN 材料的制备方法多种多样,而 CVD 法是常见的制备 BN 材料的方法,比如 Chen 等人[1]以 NH_3 为氨源、B_2O_3 为硼源,使用 CVD 法在 700℃的时候合成 BN 材料,Sugino 等人[2]采用等离子体协助 CVD 法成功合成 BN 薄膜,发现它的开启电场为 8.3V/μm。Tang 等人[3]以硼酸酯与 NH_3 为原料,制备出 B-N-O 中间体,在 1100℃下,使用 CVD 法制备出 BN 纳米粒子;Ma 等人[4]以 B_2O_3 与 B 粉混合,在 900℃下,氨化 2h 制备出直径为 30~100nm、表面不光滑的 BN 纳米线;Chen 等人[5]使用 B 粉、尿素、硝酸铁制备出 B-N-O-Fe 的中间体,在水平管式炉中,使用 CVD 法,在 1150℃制备出 BN 包覆的 ZnS 纳米线。本章采用 CVD 法制备 BN 材料。

基于上述制备的 GaN 纳米线,该实验旨在制备 BN 包覆 GaN 纳米线复合结构,所以包覆前的 GaN 纳米线不能太密集,这样有利于实现包覆及避免形成块状结晶。首先，设计了 3 组实验方案，分别采用不同的前驱体，寻找最优反应源（见表 9-2），所有方案都是在已经生长好的 GaN 纳米线上进行二次生长实现包覆；讨论不同前驱体对制备 BN 包覆 GaN 纳米线复合结构的影响。

表 9-2 不同前驱体制备 BN 包覆 GaN 纳米线复合结构方案

NH_3 流量 /mL·min^{-1}	B 质量	B_2O_3 质量	C 质量	$Fe(NO_3)_3 \cdot 9(H_2O)$ 质量	$CO(CH_2)_2$ 质量	温度/℃
150	—	0.2g	0.12g	—	—	800
150	0.2g	0.2g	—	—	—	900
150	1g	—	—	4g	1.2g	1150

实验 1 以 B_2O_3 为 B 源、NH_3 为 N 源、C 粉为还原剂。首先使用电子天平分别称取 0.2g 的 B_2O_3 和 0.12g 的 C 粉，摩尔比为 1∶3，均匀地混合后放到石英舟中，然后将已经生长好的 GaN 纳米线的 Si 衬底放到距离粉体 1cm 处，再将石英舟放到管式炉的中间，Si 衬底处于气体的下游方向，最后密闭管式电阻炉。先通 350mL/min 的 N_2 排出炉体的空气，接通电源，升温到 800℃，氨化时间为 60min，NH_3 流量为 150mL/min，氨化过后，降温至 450℃保持 20min，最后降至室温收集产物。整个过程涉及的主要化学反应如下：

$$2NH_3 \longrightarrow N_2 + 3H_2 \tag{9-4}$$

$$B_2O_3 + 2NH_3 \longrightarrow 2BN + 3H_2O \tag{9-5}$$

$$B_2O_3 + 3C + N_2 \longrightarrow 2BN + 3CO \tag{9-6}$$

实验 2 以 B_2O_3 及 B 粉为 B 源、NH_3 为 N 源。首先使用电子天平分别称取 0.2g 的 B_2O_3 和 0.2g 的 B 粉，摩尔比是 2∶1，均匀地混合放到石英舟中距离已经生长好的 GaN 纳米线的 Si 衬底 1cm 处，处于气体的上游，最后密闭管式电阻炉。先通入 350mL/min 的 N_2 排出炉体的空气，然后升温到 900℃保持 60min，通入 150mL/min 的 NH_3，氨化结束后降至 450℃保持 20min，最后降至室温收集产物。整个过程涉及的主要化学反应如下：

$$4B + B_2O_3 \longrightarrow 3B_2O \tag{9-7}$$

$$B_2O_3 + 2NH_3 \longrightarrow 2BN + 3H_2O \tag{9-8}$$

$$B_2O + 2NH_3 \longrightarrow 2BN + H_2O + 2H_2 \tag{9-9}$$

实验 3 以 B 粉为 B 源、NH_3 为 N 源，而 B 粉、$Fe(NO_3)_3 \cdot 9H_2O$ 及 $CO(CH_2)_2$ 用于制备 B-N-O-Fe 中间体。首先称取 4g 的 $Fe(NO_3)_3 \cdot 9H_2O$ 与 1.2g 的 $CO(CH_2)_2$，摩

尔比是 1∶20，将两者混合后溶解到 100mL 的去离子水中。完全溶解后，再称取 1g 的 B 粉加入溶解液中，然后将混合溶液在 85℃下进行水浴，时间为 5h，得到悬浮液。将悬浮液陈化一天，滤除上层的清液，对下层混合物进行清洗，使用的试剂是去离子水和无水乙醇。将混合物进行干燥，将干燥的物质放到研钵里面进行研磨，得到 $Fe(OH)_3 \cdot B$ 中间体，实验流程图如图 9-2 所示。中间体制备好以后，取 0.1g 的中间体放到石英舟中，中间体距离已经生长好的 GaN 纳米线的 Si 衬底 1cm，处于气体的上游，最后密闭管式电阻炉。先通入 350mL/min 的 N_2 排出炉体的空气，升温到 800℃在 100mL/min 的 N_2 下保持 60min，目的是还原出催化剂 Fe 单质，然后继续升温到 1150℃，通入 150mL/min 的 NH_3，氨化时间为 60min，氨化结束后在 N_2 的保护下降至 450℃保持 20min，最后降至室温收集产物。整个过程涉及的主要化学反应如下：

$$3CO(CH_2)_2 + 9H_2O + 2Fe(NO_3)_3 \longrightarrow 6NH_4NO_3 + 3CO_2 + 2Fe(OH)_3$$
$$(9\text{-}10)$$

$$Fe(OH)_3 + 6H_2O \longrightarrow [Fe(H_2O)_6](OH)_3 \qquad (9\text{-}11)$$

$$3B + 2Fe_2O_3 \longrightarrow 3B_2O_2 + 4Fe \qquad (9\text{-}12)$$

$$B_2O_2 + 2NH_3 \longrightarrow 2BN + 2H_2O + H_2 \qquad (9\text{-}13)$$

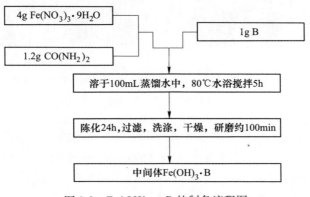

图 9-2　$Fe(OH)_3 \cdot B$ 的制备流程图

9.4　实验结果与分析

9.4.1　不同前驱体对 BN 包覆 GaN 复合纳米线的影响

以 B_2O_3 及 C 粉为前驱体制备的 BN 包覆 GaN 纳米线复合结构的 SEM 图如图 9-3 所示。图 9-3（a）是包覆前的 GaN 纳米线的 SEM 图，放大倍率为 1 万倍，可以看到 GaN 纳米线密度不大（有利于包覆），单根纳米线细直且粗细均匀，直径约为 160nm，长度为 4~16μm，在纳米线顶端有催化剂颗粒；图 9-3（b）是包覆后的 SEM 图，放大倍率也是 1 万倍，从图 9-3（b）中可以清晰地看到，与未包覆的 GaN 纳米线相比，纳米线的亮度变亮，纳米线的顶端与周边都有球状颗粒且明显比催化剂颗粒大，单根纳米线的粗细变得不均匀且纳米线的周边和中间颜色不同，明显能从黑框处看到核壳结构，图 9-3（b）的插图是黑框处的高倍 SEM 图，纳米线的直径整体变粗，为 300~350nm。纳米线的顶端颗粒及纳米线直径变粗是因为在 Pt 催化剂颗粒及纳米线周围生成 B 的纳米材料，而在纳米线周围的小颗粒可能是在生长的过程中，有 BN 颗粒或者 B_2O_3 附着在上面，包覆比较理想。

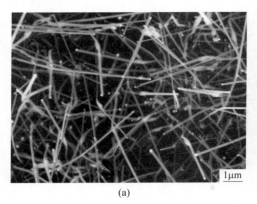

图 9-3　前驱体为 B_2O_3 及 C 粉的 BN 包覆 GaN 纳米线 SEM 图

（a）包覆前；（b）包覆后

　　以 B_2O_3 及 B 粉为前驱体制备的 BN 包覆 GaN 纳米线复合结构的 SEM 图如图 9-4 所示。图 9-4（a）是包覆前的 GaN 纳米线的 SEM 图，放大倍率为 1 万倍，可以看到 GaN 纳米线密度不大（有利于包覆），纳米线样式有细直也有弯曲，纳米线顶端有 Pt 催化剂颗粒，纳米线的直径为 100~120nm，长度为 2~6μm；图 9-4（b）是包覆后的 GaN 纳米线的 1 万倍 SEM 图，对比未包覆的 GaN 纳米线，纳米线变得很亮，纳米线的直径明显变粗，为 300~330nm，从两处方框中可以明显看到在 GaN 表面有材料对其进行包覆，同时有明显的片状晶体生成，GaN 纳米线的顶端颗粒变得很大。GaN 纳米线的直径及顶端颗粒变大，是因为在纳米线的周围及顶端有 B 的纳米材料生长，实现了包覆，而片状晶体的出现是因为 B 与 B_2O_3 进行反应生成 B_2O，反应源更容易生成 B 的纳米材料从而在 GaN 纳米线周围发生团聚，最后形成片状晶体。总之，包覆不是很理想。

　　以 B 的中间体为前驱体制备的 BN 包覆 GaN 纳米线复合结构的 SEM 图如

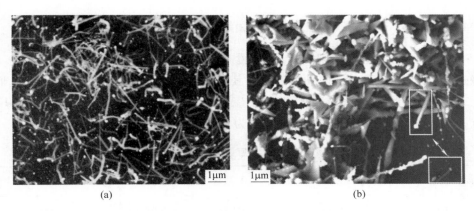

(a)   (b)

图 9-4   前驱体为 B$_2$O$_3$ 及 B 粉的 BN 包覆 GaN 纳米线 SEM 图

（a）包覆前；（b）包覆后

图 9-5 所示。图 9-5（a）是包覆前的 GaN 纳米线的 SEM 图，放大倍率为 3000
倍，可以看到 GaN 纳米线密度不大（有利于包覆），并在纳米线顶端存在 Pt
催化剂颗粒；图 9-5（b）是包覆后的 GaN 纳米线的 SEM 图，与未包覆的
GaN 纳米线相比，纳米线整体颜色变亮，有较粗的纳米线生成，直径为
800~900nm，明显能从方框处看到核壳结构，图 9-5（b）的插图是方框处
的高倍 SEM 图，有明显的片状晶体形成。纳米线变粗、变亮是因为在 GaN
纳米线的外面有 B 的纳米粒子形成，而块状晶体是因为在 Fe 催化剂在高温
下活性增强，反应源发生团聚效应形成片状晶体。总之使用中间体制备的
BN 包覆 GaN 纳米线复合结构不理想。

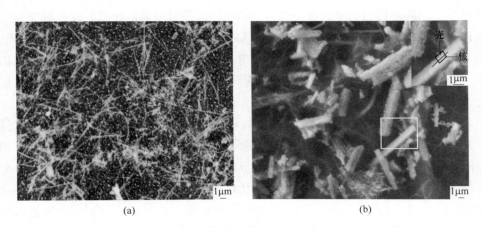

(a)   (b)

图 9-5   前驱体为 B 的中间体的 BN 包覆 GaN 纳米线 SEM 图

（a）包覆前；（b）包覆后

9.4.2 温度对 BN 包覆 GaN 复合纳米线的影响

基于以上不同前驱体制备的 BN 包覆 GaN 纳米线复合结构，选取包覆形貌较好的方案，进行多次实验，研究温度对其形貌的影响，制备条件见表 9-3，选取 0.2g 的 B_2O_3 为 B 源、0.12g 的 C 粉为还原剂，制备条件为氨化时间 60min，NH_3 流量为 150mL/min，分别改变反应温度为 700℃、800℃、900℃。

表 9-3 不同反应温度的实验方案

反应时间/min	NH_3 流量/mL·min^{-1}	B_2O_3 质量/g	C 质量/g	反应温度/℃
60	150	0.2	0.12	700
60	150	0.2	0.12	800
60	150	0.2	0.12	900

用场发射扫描电子显微镜分别对样品形貌进行表征，如图 9-6 所示，图 9-6 (a)、(c) 和 (e) 是包覆前的 GaN 纳米线，图 9-6 (b)、(d) 和 (f) 是 BN 包覆 GaN 纳米线的复合结构，放大倍数都是 2 万倍。图 9-6 (a) 和 (b) 是纯的 GaN 纳米线和在 700℃ 通过二次生长制备的包覆后的纳米线的 SEM 图，从图 9-6 (a) 中可以看到包覆前的 GaN 纳米线密度适中，分布不均匀，但整体粗细均匀，直径为 80~100nm，长度为 2~4μm；图 9-6 (b) 是图 (a) 包覆后的纳米线，与包覆前相比，纳米线顶端变亮，纳米线的直径变得不均匀，纳米线顶端部分比较粗，而靠近衬底的部分比较细，从方框处可以看到顶端变粗的纳米线不是很多，顶端变粗的纳米线直径约为 260nm，这是因为温度较低，反应源未被完全还原，制备源不充分，从而导致只有部分纳米线的顶端被包覆，包覆效果差。图 9-6 (c) 和 (d) 是纯的 GaN 纳米线和在 800℃ 通过二次生长制备的包覆后的纳米线 SEM 图，从图 9-6 (c) 中可以看到反应前的 GaN 纳米线均匀分布在沉底上，纳米线细直，粗细均匀，直径约为 130nm，长度为 3~6μm；而图 9-6 (d) 是包覆后的 GaN 纳米线 SEM 图，对比纯的 GaN 纳米线，发现直径整体变粗，颜色变亮，纳米线顶端的 Pt 催化剂颗粒变大且在纳米线的周围有小颗粒附着，从黑框处能明显地看到纳米线呈现核壳结构，而且在纳米线的外面有一层物质均匀地分布在纳米线的周围。图 9-6 (e) 和 (f) 是纯的 GaN 纳米线和在 900℃ 通过二次生长制备的包覆后的纳米线 SEM 图，从图 9-6 (e) 中可以看到包覆前的 GaN 纳米线细直，单根纳米线直径均匀，直径为 80~100nm，长度为 3~8μm，在纳米线的顶端有催化剂颗粒，再从图 9-6 (f) 中观察，对比纯的 GaN 纳

米线，反应后的纳米线中有片状晶体形成，纳米线的顶端催化剂颗粒变大，这是因为温度相对较高，反应源的活性较强，分解速率也较快，从而促进 B 纳米材料生长过快，并且温度越高，越容易发生团聚效应，导致 B 纳米材料的生长点面积增加，从而生长片状的 B 纳米材料。

图 9-6 不同温度条件下制备的 BN 包覆 GaN 纳米线复合结构

(a)(b) 700℃；(c)(d) 800℃；(e)(f) 900℃

通过比较可知，反应温度对 BN 包覆 GaN 纳米线复合结构的影响较大，当反应温度为 700℃时，源的反应不充分，催化活性不够，GaN 纳米线只有部分顶端被 BN 包覆；当反应温度为 800℃时，形成细直且分布均匀的 BN 包覆 GaN 纳米线复合结构；当反应温度为 900℃时，由于温度过高，源的反应较充分，活性也比较高，晶体团聚，生成片状 BN 纳米材料。

9.5　BN 包覆 GaN 复合纳米线的物相分析

对不同温度下使用 B_2O_3 及 C 粉为前驱体制备的纳米线进行了 EDS 图谱及纳米线中各元素含量分析，如图 9-7 所示。从图中可以发现，随着温度的升高，B

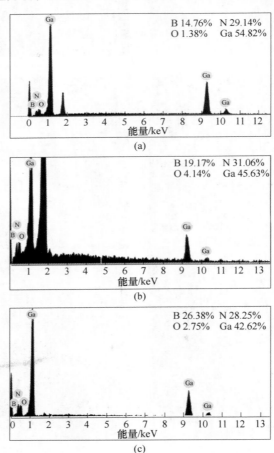

图 9-7　不同温度的 X 射线能量色散谱及纳米线中各元素含量

（a）700℃；（b）800℃；（c）900℃

原子的摩尔分数也随之增大，分别为 14.76%、19.17% 和 26.38%，分析认为反应温度升高，反应物活性会增强，反应较充分，随气流运动并且包覆到 GaN 纳米线表面形成 BN 材料，这与前面不同温度下观察到的 SEM 图是相符的。

为了进一步确定上述所制备的纳米线的物相和结晶程度，对实验条件为 800℃反应温度下制备的 BN 包覆 GaN 纳米线复合结构进行 EDS 能谱、X 射线衍射（XRD）表征元素百分比分析，结果如图 9-8 及表 9-4 所示。

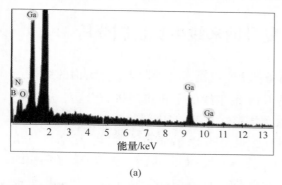 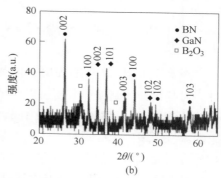

(a) (b)

图 9-8 前驱体为 B_2O_3 及 C 粉在 800℃制备的 BN 包覆 GaN 纳米线的 EDS 能谱和 XRD 图谱

（a）EDS 能谱；（b）XRD 图谱

表 9-4 前驱体为 B_2O_3 及 C 粉在 800℃制备的 BN 包覆 GaN 纳米线元素含量

元素	质量分数/%	摩尔分数/%
B	19.17	22.35
N	31.06	41.98
O	4.14	6.02
Ga	45.63	29.65
总量	100.00	100.00

图 9-8（a）及表 9-4 的结果表明，GaN 纳米线中含有 N、Ga、B 和 O 4 种元素，并明确给出了 4 种元素的质量分数和摩尔分数，通过元素质量比可以确定除了有 GaN、BN 生成，其中还有少量的 B_2O_3 生成。图 9-8（b）是样品的 XRD 图谱，可以读取到 4 条明显的 GaN 衍射峰，分别处于 2θ = 32.316°、34.505°、36.762°、57.633°，与纯的 GaN 纳米材料一致，这表明 BN 包覆 GaN 纳米线复合结构的制备并未显著改变 GaN 材料的物相，其结晶特性良好，在（101）面的衍射峰强度最大。还可以读取到 5 条明显的 BN 衍射峰，分别处于 2θ = 26.627°、

41. 508°、43. 752°、49. 999°、59. 321°，对应（002）（100）（102）（103）晶面，证实了有 BN 生成；在 $2\theta = 30. 326°$、38. 347°处可以找到 B_2O_3 的衍射峰，表明有 B_2O_3 生成。再结合表 9-4 中各元素的含量，最后确定形成了 BN 包覆 GaN 纳米线复合核壳结构，而纳米线上附着有少量颗粒物，确定为 B_2O_3 颗粒。综上可得，在纯的 GaN 表面生成了 BN 材料，而纳米线的周围有少量 B_2O_3 颗粒吸附，BN 成功包覆在 GaN 纳米线表面呈现核壳复合结构。

9.6　BN 包覆 GaN 复合纳米线生长机制分析

本章以 B_2O_3 及 C 粉为前驱体制备的 BN 包覆 Ga 纳米线复合结构的结果最好，对其生长机制进行分析。对纯的 GaN 纳米线的生长机制进行分析，通过前面的 SEM 表征，观察到大部分纳米线顶端存在有 Pt 催化剂颗粒，而有的纳米线末端没有发现催化剂颗粒，这是因为有些很小的 Pt 液滴可能脱落，随载气排出炉外，因此认为实验中 GaN 纳米线的生长遵循气-液-固机制，而 B_2O_3 与 C 粉的气化温度都低于 650℃，在温度达到 800℃时，反应物都变成气态，Pt 催化剂被 BN 包覆在里面没有参与生长，是符合气-固生长机制的，所以认为 BN 材料的包覆遵循气-固机制。

BN 包覆 GaN 纳米线复合结构的生长过程如下：（1）GaN 纳米线的生长：在炉温到达 900℃时，存在 Si 衬底表面的 Pt 催化剂颗粒在高温下变为熔融态，作为吸收气相反应物的活跃点发生反应，当炉温度继续升高，达到 1140℃以上时，Ga_2O_3 粉末由于载气（NH_3）的作用转移到 Si 衬底表面，同时与催化剂及 NH_3 分解出的 N 原子相互作用，在各种作用力下形成 Pt-Ga-N 合金相，当 Ga-N 原子的浓度超过了 Pt-Ga-N 液体合金的饱和点，GaN 晶体会不断析出，且轴向生长速度大于径向生长速度，并沿着一个方向择优生长形成 GaN 纳米线，纯的一维 GaN 纳米线形成，且沿表面能最低的方向形成，最后随着温度的降低，Pt 催化剂冷却凝结在纳米线的顶端。（2）BN 包覆 GaN 纳米线复合结构：当炉温到达 800℃时，B_2O_3 及 C 粉变为气态，B_2O_3 与 C 粉发生氧化还原反应，生成 B_2O_2/BO，随着 NH_3 的通入，B_2O_2/BO 与 NH_3 反应，B-N 原子超过饱和点，导致 BN 晶体析出，在纯的 GaN 表面生成 BN 材料，随着温度的降低，有未反应的 B_2O_2/BO，在低温下析出 B_2O_3，附着在 GaN 纳米线上。

本章使用 CVD 法，在 Si 衬底上制备了 BN 包覆 GaN 纳米线复合结构，分别研究了不同前驱体对 BN 包覆 GaN 纳米线复合结构的影响，选出包覆效果好的前驱体，研究温度对此前驱体制备 BN 包覆 GaN 纳米线复合结构的影响，并且对包覆效果好的样品使用 XRD 技术、场发射扫描电子显微镜（FESEM），分析所制备的纳米线复合结构的物相、形貌情况，最后将所制备的样品与包覆前的样品进行对比，主要得出以下结论：

（1）使用前驱体为 B_2O_3 与 C 粉制备的纳米线复合结构，单根纳米线直径均匀，能看到明显的核壳结构，包覆效果比较好；使用前驱体为 B 与 B_2O_3 为前驱体制备的纳米线复合结构，包覆不均匀，有明显的块状晶体生成，包覆不理想；使用 B 的中间体制备的纳米线复合结构直径很粗，达到近 $1\mu m$，但是包覆得很少，且有片状形似纳米管的材料生成，包覆不理想。

（2）通过研究温度对前驱体为 B_2O_3 与 C 粉制备的纳米线复合结构的形貌、成分和晶体结构的影响，发现在温度为 800℃时生长的纳米线复合结构形貌最好，包覆最理想，氨化温度过低包覆不完全，温度过高有片状物质生成。

（3）通过 SEM、XRD 及 EDS 表征分析可以得出，使用前驱体为 B_2O_3 与 C 粉制备的纳米线已被 BN 壳层成功包覆在 GaN 纳米线表面，形成 BN 包覆 GaN 纳米线复合核壳结构，实验中 GaN 纳米线的制备符合气-液-固长机制，BN 包覆 GaN 纳米线符合气-固生长机制。

参 考 文 献

[1] CHEN Y J, CHI B, MAHON D C, et al. An effective approach to grow boron nitride nanowires directly on stainless-steel substrates [J]. Nanotechnology, 2006, 17 (12): 2942.

[2] SUGINO T, KIMURA C, YAMAMOTO T. Electron field emission from boron-nitride nanofilms [J]. Appl. Phys. Lett. 2002, 80: 3602.

[3] TANG C C, BANDO Y, GOLBERG D. Large-scale synthesis and structure of boron nitride sub-micron spherical particles [J]. Chem. Commun., 2002 (23): 2826-2827.

[4] MA R Z, BANDO Y, SATO T, et al. Synthesis of boron nitride nanofibers and measurement of their hydrogen uptake capacity [J]. Appl. Phy. Lett., 2002, 81 (27): 5225.

[5] CHEN Z G, ZOU J, LIU G, et al. Novel boron nitride hollow nanoribbons [J] Acs Nano, 2008, 2 (10): 2183-2191.

10 GaN/InN 核壳纳米线的制备及性能

10.1 引　言

核壳纳米线是由两种材料复合而成的一种核壳异质结构，这种独特的结构结合了核壳两种材料的特性，具有独特的性能。GaN 和 InN 都属于 III-V 族半导体材料[1-3]，将 GaN 和 InN 复合成核壳纳米线异质结构，通过改变核壳比例对材料的电子结构和光学性能进行调控，可以满足光电器件设计的灵活性，拓宽纳米材料在光电领域的应用。

在实验制备中，利用 CVD 法，通过两步法在 Si 衬底上制备 GaN/InN 核壳纳米线。第一步是核的制备，即基于气-液-固机制在 Si 衬底上生长出 GaN 纳米线；第二步是壳的制备，即基于气-固机制在 GaN 纳米线外沿轴向包覆 InN 壳层；通过对样品进行 SEM、XRD 及 TEM 表征，分析 GaN/InN 核壳纳米线的制备工艺、组成成分、生长方向及生长机理；对样品进行 PL 谱测试，分析 GaN/InN 核壳纳米线的发光性能。

10.2 实验原料

采用 CVD 法制备 GaN/InN 核壳纳米线，需要的实验原料见表 10-1。

表 10-1　实验原料

药品名称	化学式	纯度
双氧水	H_2O_2	分析纯
浓硫酸	H_2SO_4	分析纯
氨水	$NH_3 \cdot H_2O$	分析纯
氢氟酸	HF	分析纯
浓盐酸	HCl	分析纯
去离子水	H_2O	化学纯

药品名称	化学式	纯度
氧化镓	Ga_2O_3	99.9999%
氯化铵	NH_4Cl	99.5%
氯化铟	$InCl_3$	99.9%
氨气	NH_3	99.99%
氮气	N_2	99.999%

10.3　GaN 纳米线的生长

10.3.1　实验过程及样品表征

实验第一步是 GaN 纳米线的生长，整个实验是在 CVD 系统中完成的，图10-1为实验系统的装置示意图。以 Ga_2O_3 和 NH_3 的气相反应制备 GaN 纳米线。

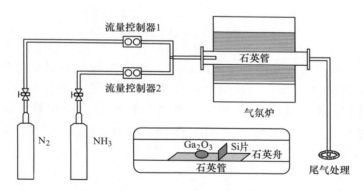

图 10-1　制备 GaN 纳米线的装置示意图

具体制备过程如下：首先，用电子天平称取 0.1g 的 Ga_2O_3 白色粉末放入石英舟中，同时将退火后的 Pt/Si 衬底竖直放置在距 Ga_2O_3 约 1cm 处，注意衬底一定要放置在气体下游处，并且 Si 抛光面对着 Ga_2O_3。然后将石英舟推入至水平管式炉恒温区，设置好生长温度为 1000℃后封闭管式炉，通 10min N_2 排除管内空气，管式炉升温至 1000℃时，通入流量为 150mL/min 的 NH_3，在 1000℃下保持 15min，15min 后关闭 NH_3 流量控制器，待温度降到 750℃时保持 10min，最后待炉体温度降到室温时取出，在 Si 衬底上得到了白色 GaN。

　　对样品进行了 SEM 表征，结果如图 10-2 所示。从低倍率下的 SEM 图中可以看出整个样品中 GaN 纳米线粗细均匀，无结块产生，形貌较好。从高倍率下的 SEM 图中可以看出 GaN 纳米线表面光滑，直径为 80～150nm，长度约为 5μm。说明在上述实验过程中，在生长温度为 1000℃、NH₃ 流量为 150mL／min、生长时间为 15min 的条件下制备出来的 GaN 纳米线形貌较好，整个样品中 GaN 纳米线密度较小，符合第二步生长 GaN/InN 核壳纳米线的条件。

(a)　　　　　　　　　　　　　　　　(b)

图 10-2　GaN 纳米线不同放大倍率的 SEM 图

(a) 3 千倍；(b) 2 万倍

　　为了进一步分析样品的纯度或结晶度，利用 X 射线衍射仪对样品进行了测试，结果如图 10-3 所示。从图中可以观察到 8 个明显的特征衍射峰，通过与六方纤锌矿 GaN 标准卡（JCPDS：50-0792）峰位完全相符，峰形尖锐且基本未出现其他杂质衍射峰，由 XRD 图谱可知制备的 GaN 纳米线样品结晶度较高。

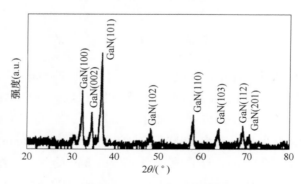

图 10-3　GaN 纳米线的 XRD 图谱

在生长温度为 1000℃、NH_3 流量为 150mL/min 及氨化时间为 15min 的条件下，制备出了 GaN/InN 核壳纳米线的核部分，通过对样品进行 SEM 和 XRD 表征分析，从 GaN 纳米线形貌和密度来看，符合下一步 InN 进行包覆的条件。

10.3.2　GaN 纳米线的生长机理

当温度超过 800℃时，Ga_2O_3 开始分解为 Ga 或 Ga 的次级氧化物。在 1000℃保持 15min 期间，NH_3 完全分解成 H_2 和 N_2，在氨化过程中，反应系统中发生的主要化学反应如下：

$$2NH_3(g) \longrightarrow N_2(g) + 3H_2(g) \tag{10-1}$$

$$2Ga(g) + 2NH_3(g) \longrightarrow 2GaN(s) + 3H_2(g) \tag{10-2}$$

$$Ga_2O_3(s) + 2H_2(g) \longrightarrow Ga_2O(g) + 2H_2O(g) \tag{10-3}$$

$$Ga_2O(g) + 2NH_3(g) \longrightarrow 2GaN(s) + 2H_2(g) + H_2O(g) \tag{10-4}$$

GaN 分子主要由式（10-2）和式（10-4）的反应生成，从反应方程中可知要生成 GaN，需具备 Ga_2O_3 和 NH_3 的分解温度。在以往的文献中真空环境下 GaN 的分解温度为 850℃，在常压条件下 GaN 的分解温度为 1100℃，而且 GaN 的分解温度也依赖于 NH_3 的流量，NH_3 流量越大，GaN 在高温下越不易分解。

从图 10-4 中纳米线顶端的 Pt 颗粒可以推断出生长 GaN 纳米线的机制为气-液-固机制，其生长机理为：在高温条件下，Pt 颗粒融化成小液滴，Ga_2O_3 与 NH_3 分解的气态产物随着气相运输不断溶解在 Pt 液滴中，当 Pt 液滴达到饱和状态时，GaN 成核并逐渐析出纳米线，由于 Pt 颗粒的束缚，从而形成一维 GaN 纳米结构。

图 10-4　GaN 纳米线的 SEM 图

10.4 GaN/InN 核壳纳米线的制备

10.4.1 实验方案

基于上一步制备的 GaN 纳米线，第二步继续采用了 CVD 法来完成 GaN/InN 核壳纳米线的制备。在这一步实验中，制备 GaN/InN 核壳纳米线的关键是 InN 在 GaN 纳米线外的气相沉积，根据相关 CVD 法制备 InN 的文献，通常使用 NH_3 与 In 源反应的方法来制备 InN，常用的反应源有 In 粉和 $InCl_3$，因此设计了以下两种方案：

(1) 反应源为 In 粉。首先采用控制变量法，在不同生长温度下进行实验，寻找最佳生长温度。找到合适的生长温度后，研究不同 NH_3 流量对生长的影响，并分析样品形貌及生长机理；

(2) 反应源为 $InCl_3$。与上述实验方案相同，采用控制变量法研究用 $InCl_3$ 制备 GaN/InN 核壳纳米线的生长条件，并分析样品形貌及生长机理。

10.4.2 实验过程及样品表征

10.4.2.1 反应源为 In 粉

A 生长温度对样品制备的影响

考虑到 InN 的分解温度（630℃）较低，所以在设计生长温度时应低于 630℃。按照表 10-2 的实验方案，具体实验过程如下：用电子天平称取 0.1g 的 In 粉放入石英舟中，在 In 粉的下游 1cm 左右处竖直放置第一步生长了 GaN 纳米线的 Si 衬底；设置生长温度后，升温前通流量为 80mL/min 的 N_2，排除石英管内的空气；待炉体温度升至生长温度时，关闭 N_2 阀门，改通入流量为 150mL/min 的 NH_3；在生长温度下保持 30min 后关闭 NH_3 阀，待炉体自然冷却至室温时取出淡黄色样品。分别对这 3 个样品进行了 SEM 表征，结果如图 10-5 所示。

表 10-2 不同生长温度下的实验方案

In 源	生长温度/℃	NH_3 流量/mL·min⁻¹	氨化时间/min
In 粉	500	150	30
	550		
	600		

从图 10-5 中可以看出温度对样品形貌影响很大，但在 SEM 图中并未都观察

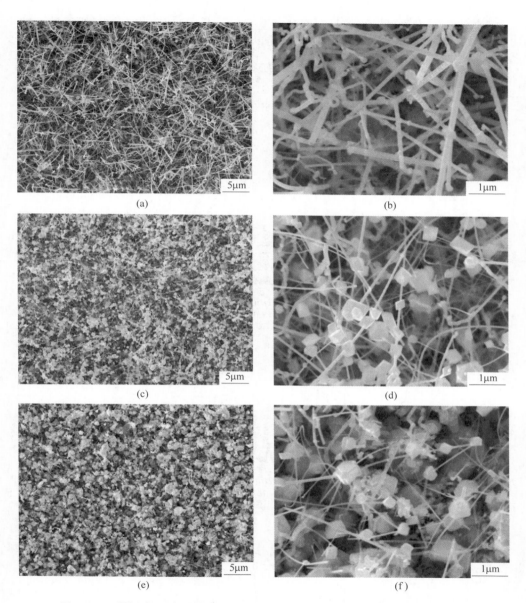

图 10-5 不同生长温度下样品的 SEM 图（左边为低倍率图，右边为高倍率图）
(a)(b) 500℃；(c)(d) 550℃；(e)(f) 600℃

到明显的核壳结构。生长温度在 500℃时，纳米线形貌未发生明显变化。为了进一步分析样品的组成成分，对样品进行了 XRD 表征，结果如图 10-6 所示。在 500℃的 XRD 图谱中 8 个特征衍射峰均为六方纤锌矿 GaN，并未出现 InN 的特征衍射峰，这说明在 500℃下，In 粉并未和 NH₃ 产生反应生成 InN，这是由于 NH₃

在此温度下分解率低。当生长温度升高至 550℃时，可以看出在纳米线顶端及轴向的部分位置产生块状物，形成了"纳米项链"的结构。在 550℃的 XRD 图谱中可以观察到除了 GaN 的 8 个特征衍射峰外，还出现了 5 个 In_2O_3 的特征衍射峰，且峰位较高。这说明反应过程中产生了 In_2O_3，显然结块物的成分为 In_2O_3，并没有生成想要的 InN，而是生长成了 GaN/In_2O_3 异质结构。当生长温度在600℃时，出现了大面积的结块现象，原 GaN 纳米线被大量块状物覆盖。在

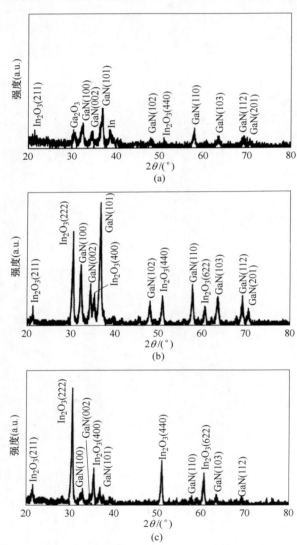

图 10-6 不同生长温度下样品的 XRD 图谱

(a) 500℃；(b) 550℃；(c) 600℃

600℃的 XRD 图谱中可以观察到 In_2O_3 的特征衍射峰强度变高，而 GaN 的特征衍射峰变弱甚至消失。

从以上 SEM 及 XRD 表征结果来看，随着温度的上升，逐渐在 GaN 纳米线顶端及轴向形成块状物质，且块状物成分为 In_2O_3。当生长温度升高至 600℃时，结块现象严重，使整个样品中纳米线形貌特征变差，GaN 逐渐消失。

B NH₃ 流量对样品制备的影响

根据上述对不同生长温度的分析，在 550℃条件下生长的样品形貌较好。因此，保持生长温度为 550℃，改变 NH₃ 流量，研究不同 NH₃ 流量下对实验的影响，实验方案见表 10-3。与上述具体实验方法相同，按照此方案，制备了 3 个样品，并且分别对它们进行了 SEM 表征，结果如图 10-7 所示。

表 10-3 不同 NH₃ 流量下的实验方案

In 源	生长温度/℃	NH₃ 流量/mL·min⁻¹	氨化时间/min
In 粉	550	200	30
		250	
		300	

从以上 3 个不同 NH₃ 流量的样品 SEM 表征来看，NH₃ 对样品的形貌影响很大。在纳米线的顶端及轴向部分位置产生块状物，形成了"纳米项链"的结构。随着 NH₃ 流量的增大，块状物越来越密集，且体积逐渐增大。从以上 SEM 图可知，不同程度地出现的结块现象，形成了"纳米项链"的结构。然而这与想要的核壳结构相差较远，为了分析"纳米项链"的组成成分，对其进行了 XRD 表征，结果如图 10-8 所示。

在 3 个不同 NH₃ 流量的 XRD 图谱中可以观察到除了 GaN 的 8 个特征衍射峰外，还出现了 5 个 In_2O_3 的特征衍射峰，且峰位较高。这说明反应过程中产生了 In_2O_3，显然结块物的成分为 In_2O_3，并没有生成想要的 InN，而生长成了 GaN/In_2O_3 异质结构。随着 NH₃ 流量的增大，In_2O_3 比例增大，这与 SEM 图中结块物体积变大相对应。为了解释这一现象，对这种异质结构的生长机理进行分析。反应源采用 In 粉，当炉体升温至生长温度时，In 粉被气化，反应方程式如下：

$$2In(g) + 2NH_3(g) \longrightarrow 2InN(s) + 3H_2(g) \tag{10-5}$$

然而，根据 XRD 的表征结果，并没有出现 InN 的特征衍射峰，而是生成了 In_2O_3。其可能的原因是在上述反应未进行时，In 蒸气就与炉管内的空气结合生成 In_2O_3，当通入 NH₃ 时，由于 NH₃ 在上述生长温度范围内分解率较低，所以并

图 10-7   不同 NH₃ 流量下样品的 SEM 图

（a）（b） 200mL/min； （c）（d） 250mL/min； （e）（f） 300mL/min

没有使 In_2O_3 氨化成 InN。所以在炉体内的实际反应过程如下：

$$4In(g) + 3O_2(g) \longrightarrow 2In_2O_3(s) \tag{10-6}$$

$$2NH_3(g) \longrightarrow N_2(g) + 3H_2(g) \tag{10-7}$$

$$In_2O_3(s) + 2H_2(g) \longrightarrow In_2O(g) + 2H_2O(g) \tag{10-8}$$

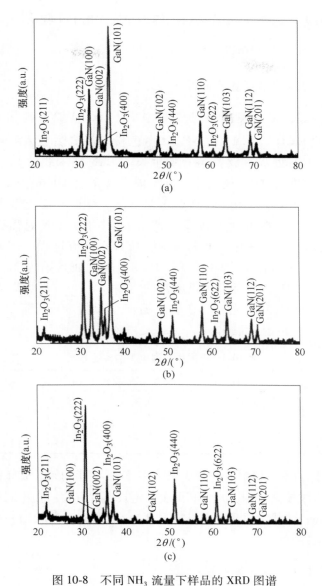

图 10-8 不同 NH₃ 流量下样品的 XRD 图谱

（a）200mL/min；（b）250mL/min；（c）300mL/min

$$In_2O(g) + 2NH_3(g) \longrightarrow 2InN(s) + 2H_2(g) + H_2O(g) \qquad (10\text{-}9)$$

在管式炉内进行的反应主要是式（10-6），由于 NH₃ 分解率很低，反应式（10-7）中 H₂ 产量低，导致后续反应中无法产生 InN。由于反应主要产物为 In₂O₃，其晶体结构属于立方晶系，并不与 GaN 六方晶系兼容，晶格不匹配，所以在生长过程中形成了"纳米项链"状 GaN/In₂O₃ 异质结构。为了避免在反应

过程中生成 In_2O_3，选择 $InCl_3$ 作为反应源，并且优化了实验条件。

10.4.2.2　反应源为 $InCl_3$

A　生长温度对样品制备的影响

以 $InCl_3$ 为源，按照表 10-4 的实验方案，具体实验过程如下：用电子天平称取 0.1g 的 $InCl_3$ 和 0.1g 的 NH_4Cl 白色粉末混合后放入石英舟中，在药品的下游 1cm 左右处竖直放置第一步生长了 GaN 纳米线的 Si 衬底。设置好生长温度，为了防止 $InCl_3$ 被氧化，升温前通流量为 100mL/min 的 N_2，温度升至 550℃ 时，通入流量为 200mL/min 的 NH_3，此时在反应室中通入的是 N_2 和 NH_3 的混合气体，经相关文献研究，用 $InCl_3$ 生长 InN 时需要较大的沉积驱动力，这依赖于惰性气体的摩尔分数，所以在反应过程中需通入一定流量的 N_2。此外，之所以在 In 源中引入 NH_4Cl，一方面是因为 NH_4Cl 在较低温度下就可以分解 NH_3，为反应提供丰富的 N 源；另一方面可以增大系统内的饱和蒸气压，使化学反应充分。在生长温度下保持 30min 后关闭 NH_3 和 N_2 阀，待自然冷却至室温时取出。

表 10-4　不同生长温度下的实验方案

In 源	生长温度/℃	NH_3 流量/mL · min^{-1}	氨化时间/min
InCl$_3$	570	150	30
	590		
	610		

图 10-9 为样品不同倍率下的 SEM 图。从 3 个不同温度的 SEM 图来看，可以隐约观察到纳米线核壳结构，并且其形貌与生长温度有关：在不同温度下，随着生长温度的升高，块状物明显减少，当温度为 610℃ 时，块状物基本消失，且核壳纳米线形貌较好。

B　NH_3 流量对样品制备的影响

根据上述对不同生长温度的分析，在 610℃ 条件下生长的形貌较好。因此，保持生长温度为 610℃，改变 NH_3 流量，研究不同 NH_3 流量对实验的影响，与上述实验具体方法相同，实验方案见表 10-5，制备了 3 个样品，并且分别对它们进行了 SEM 表征，结果如图 10-10 所示。从 SEM 图来看，随着 NH_3 流量的增大，壳层对 GaN 纳米线的包覆越密集，当 NH_3 流量为 300mL/min 时，纳米线集聚成团，形貌变差。

图 10-9　不同温度下样品的 SEM 图

(a)(b) 570℃；(c)(d) 590℃；(e)(f) 610℃

表 10-5　不同 NH₃ 流量下的实验方案

In 源	生长温度/℃	NH₃ 流量/mL·min⁻¹	氨化时间/min
InCl₃	610	150	30
		200	
		250	
		300	

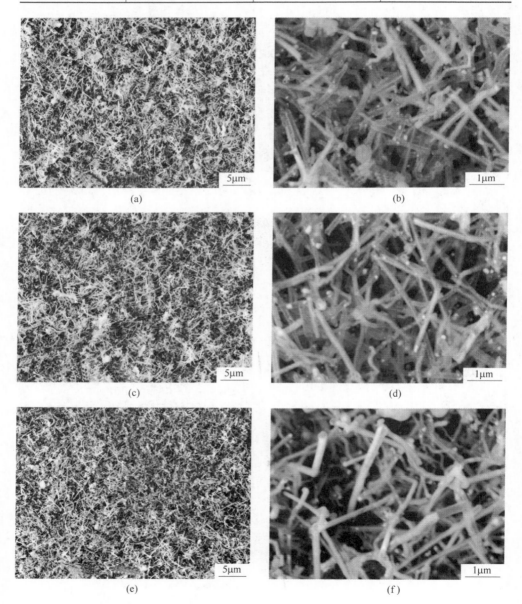

(a)

(b)

(c)

(d)

(e)

(f)

图 10-10 不同 NH$_3$ 流量下的 SEM 图

（a）（b） 150mL/min；（c）（d） 200mL/min；（e）（f） 250mL/min；（g）（h） 300mL/min

从上述 SEM 图来看，在生长温度为 610℃、NH$_3$ 流量为 150mL/min、氨化时间为 30min 的条件下制备的样品结块物少，纳米线密度较小，可以比较清晰地观察到核壳结构的存在，形貌较好。因此，对该样品进行了 XRD 及 PL 表征。

图 10-11 为制备的 GaN/InN 核壳纳米线（NH$_3$ 流量为 150mL/min）的 XRD 图谱。在图中有一系列的衍射峰，可以观察到其中 8 条明显的六方纤锌矿 GaN 特征衍射峰，这与第一步测得 GaN 纳米线的 XRD 峰位相一致，这表明在 InN 壳层的生长过程中并未显著改变 GaN 核的结晶性。其次，在图中出现了另外 8 条非常明显的衍射峰，经与六方纤锌矿 InN 标准 PDF 卡片（卡片编号为 50-0798）对比，8 条峰一一对应 InN 的（100）（002）（101）（102）（110）（103）（112）（201）晶面，说明制备的样品组成成分为 GaN 和 InN，从而证实该样品为 GaN/InN 核壳纳米线。

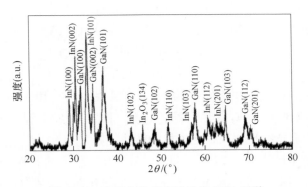

图 10-11 GaN/InN 核壳纳米线 XRD 图谱

图 10-12 为制备的 GaN/InN 核壳纳米线（NH₃ 流量为 150mL/min）的 TEM 图。从图 10-12（a）中可以看出制备的 GaN/InN 核壳纳米线异质结构核壳清晰分明，总直径为 200nm 左右，其中 GaN 核的直径为 100nm 左右。从图10-12（b）高分辨的 TEM 图看出核的晶面间距为 0.25nm，这与六方纤锌矿 GaN 的（002）晶面相对应。壳的晶面间距为 0.28nm，这与六方纤锌矿 InN 的（002）晶面相对应。因此，可以得出结论：GaN 核晶体和 InN 壳晶体均沿 [001] 晶向生长。

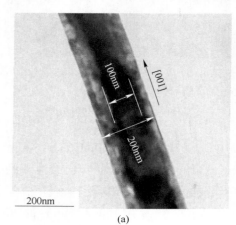
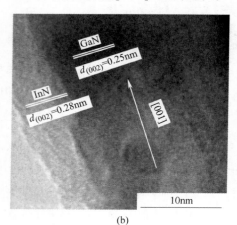

(a)　　　　　　　　　　　　　　(b)

图 10-12　GaN/InN 核壳纳米线 TEM 图

(a) 低分辨图；(b) 高分辨图

10.4.3　GaN/InN 核壳纳米线的生长机理

实验第二步为 InN 壳层在 GaN 轴向的沉积，过程中涉及 InCl₃ 的氨化过程，InCl₃ 在 325～375℃时开始受热蒸发，在沉积区发生的主要化学反应如下：

$$NH_4Cl(s) \longrightarrow NH_3(g) + HCl(g) \tag{10-10}$$

$$2NH_3(g) \longrightarrow N_2(g) + 3H_2(g) \tag{10-11}$$

$$InCl_3(g) + NH_3(g) \longrightarrow InN(s) + 3HCl(g) \tag{10-12}$$

$$InCl_3(g) \longrightarrow InCl(g) + Cl_2(g) \tag{10-13}$$

$$H_2(g) + Cl_2(g) \longrightarrow 2HCl(g) \tag{10-14}$$

从上述反应方程式可知，InN 的合成主要发生在式（10-12），可以看出合成 InN 的条件是首先须使 InCl₃ 受热蒸发，其次，H₂ 的生成不利于 InN 的生长，所以在反应过程中需持续地通入一定流量的惰性气体 N₂。

图 10-13 为 NH₃ 流量为 150mL/min 时在 3 万倍率下的 SEM 图，在图中央部分可以清楚地看到由 GaN 核及 InN 壳组成的同轴纳米线，即 GaN/InN 核壳纳米线异质结构。

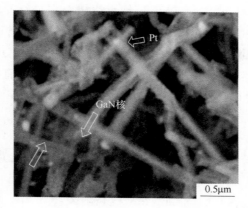

图 10-13   GaN/InN 核壳纳米线 3 万倍率下的 SEM 图

由于 Pt 颗粒存在于 InN 壳层内部，所以第二步核壳纳米线的生长遵从气-固机制。InN 壳层在 GaN 表面的形核与生长过程可用图 10-14 说明，分为 3 个步骤：

（1）吸附气相 N 原子、In 原子或 InN 分子在 GaN 纳米线表面上扩散迁移，发生相互碰撞，其中一小部分气相原子因能量稍大而蒸发出去，另一部分结合成原子或分子团，并凝结在 GaN 纳米线表面上；

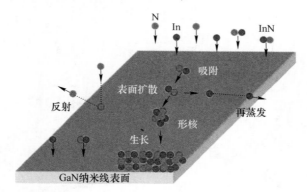

图 10-14   InN 壳层在 GaN 表面的形核与生长的物理过程

（2）In 原子、N 原子或 InN 分子团和其他吸附原子碰撞结合，随着该过程反复进行，一旦原子或分子团中的原子或分子数超过某一个临界值，原子或分子团进一步与其他吸附原子碰撞结合，只向着长大方向发展形成稳定的原子或分子团，这种形成稳定原子或分子团的过程叫作形核；

（3）In 原子团、N 原子团或 InN 分子团成核后，随着反应过程中气相源的不断供应，稳定核再捕获 In 原子、N 原子或 InN 分子并结合，使它进一步长大成为 InN 小岛。

在合适的生长条件下，InN 在 GaN 纳米线表面多个位置形核并生长成小岛，随着气相源的不断供应，InN 小岛逐渐扩大并且相互连接，逐渐在 GaN 纳米线轴向形成连续均匀的 InN 壳层。如果继续保持同样条件的话，InN 壳层将在纳米线的径向开始生长。在扫描电镜图中可以看到有些纳米线上有裸露的 Pt 颗粒，而另外一些纳米线上没有看到 Pt 颗粒，InN 壳层完全将 GaN 纳米线包覆于其中，这说明 GaN/InN 核壳纳米线属于"自下而上"的生长模式。

10.5　GaN/InN 核壳纳米线的 PL 特性

图 10-15 为 GaN 纳米线与 GaN/InN 核壳纳米线（NH₃ 流量为 150mL/min）的 PL 谱。从图上可以看到，GaN 纳米线在 362nm（3.42eV）处有一个紫外发射峰，这主要归因于带边发射。与文献中报道的 365nm（3.39eV）处发光峰基本一致。GaN/InN 核壳纳米线在 404nm（3.06eV）处有一个紫光发射峰，光谱进入可见光频段。说明 InN 对 GaN 纳米线包覆后，发光峰红移，从紫外光进入可见光频段，与理论计算中有关带隙可调的结论一致。这些性质表明 GaN/InN 核壳纳米线在发光纳米器件中具有潜在的应用。

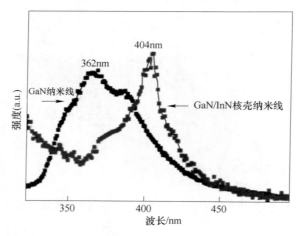

图 10-15　GaN 纳米线与 GaN/InN 核壳纳米线 PL 谱

本章通过两步法在管式气氛炉中利用 CVD 法成功制备出了以 Si 为衬底的 GaN/InN 核壳纳米线，并且利用 SEM、XRD、TEM 和 PL 表征分析了所制样品的表面形貌及物相，结合分析 GaN/InN 核壳纳米线的生长机制，主要得出以下结论：

（1）在第一步中，以 Ga₂O₃ 为源、覆盖有 Pt 催化剂纳米颗粒的 Si(111) 为衬底，在生长温度为 1000℃、NH₃ 流量为 150mL/min、氨化时间为 15min 的工艺条件下制备出 GaN 纳米线。通过 SEM 表征分析，表明实验制得的 GaN 纳米线形貌好且密度小，生长机制为典型的气-液-固机制。通过 XRD 表征分析，结果表明 GaN 纯度较高，结晶性良好。

（2）在第二步中，首先利用 In 粉和 NH₃ 反应，通过 SEM 和 XRD 表征分析得出，制得的样品为 GaN/In₂O₃ "纳米项链" 状异质结构，根据对此结构生长机理的分析，优化了实验参数，并利用 InCl₃ 为源材料，在生长温度为 610℃、NH₃ 流量为 150mL/min、氨化时间为 30min 的工艺条件下成功制备出了 GaN/InN 核壳纳米线，通过 SEM 表征分析，表明实验所制的 GaN/InN 核壳纳米线样品形貌较好，InN 壳层的生长遵循气-固机制；通过 XRD 表征分析，结果表明核壳纳米线由 GaN 和 InN 组成，样品结晶性良好；TEM 表征结果表明制备的 GaN/InN 核壳纳米线异质结构核壳清晰分明，总直径为 200nm 左右，其中 GaN 纳米线核的直径在 100nm 左右，且 GaN 核晶体和 InN 壳晶体均沿 ［001］ 晶向生长。

（3）对样品进行 PL 谱测试，结果表明：GaN 纳米线在 362nm（3.42eV）有一紫外发射峰，这主要归因于带边发射。GaN/InN 核壳纳米线在 404nm（3.06eV）有一紫光发射峰，发光峰相对于 GaN 纳米线红移，从紫外光进入可见光波段，与理论计算中有关带隙可调的结论一致。表明 GaN/InN 核壳纳米线可以用于紫外光发光器件。

参 考 文 献

［1］ ZHANG X Q, LU G X. Thin film protection strategy of Ⅲ-Ⅴ semiconductor photoelectrode for water splitting ［J］. Prog. Chem., 2020, 32（9）: 1368.

［2］ YU W L. Understanding the stability of semiconducting photocathodes for solar water splitting ［J］. Curr. Opin. Electroche., 2023: 101262.

［3］ SHIN S H, SUNG J, SO H Y. Facile method for reducing decay time in GaN-based ultraviolet photodetector using microheater ［J］. Sensor Actuat A-Phys., 2020, 309: 112009.